多源信息增强的序列推荐方法研究

陈皖玉　张一嘉　张海燕　黄浩恩
蔡　飞　王祎童　陈炜捷　李国旺　◎著

DUOYUAN XINXI ZENGQIANG DE
XÜLIE TUIJIAN FANGFA YANJIU

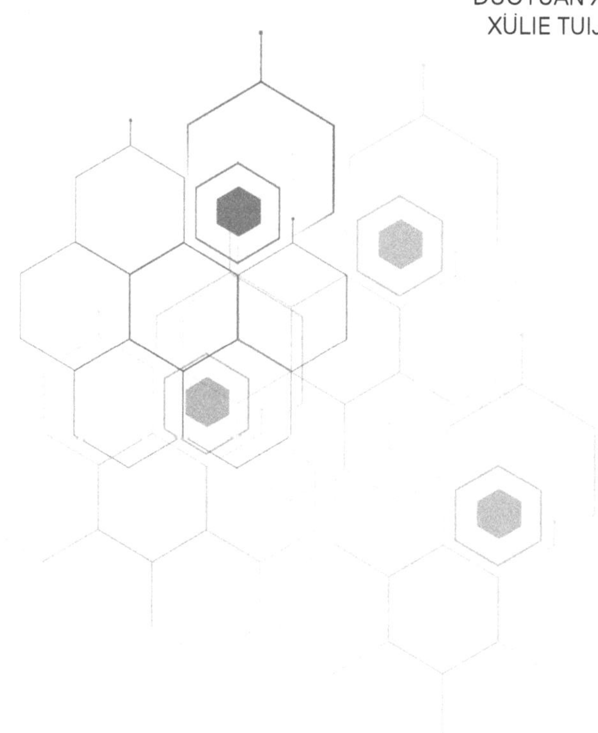

湖南大學出版社
·长沙·

图书在版编目(CIP)数据

多源信息增强的序列推荐方法研究/陈皖玉等著．长沙：湖南大学出版社，2025．7．--ISBN 978-7-5667-4124-0

Ⅰ．TP391．3

中国国家版本馆 CIP 数据核字第 2025LB5077 号

多源信息增强的序列推荐方法研究

DUOYUAN XINXI ZENGQIANG DE XÜLIE TUIJIAN FANGFA YANJIU

著　　者：陈皖玉　张一嘉　张海燕　黄浩恩　蔡　飞　王祎童　陈炜捷　李国旺

责任编辑：黄　旺

印　　装：长沙雅捷印务有限公司

开　　本：710 mm×1000 mm　1/16　**印　　张**：10　**字　　数**：208 千字

版　　次：2025 年 7 月第 1 版　**印　　次**：2025 年 7 月第 1 次印刷

书　　号：ISBN 978-7-5667-4124-0

定　　价：39.00 元

出 版 人：李文邦

出版发行：湖南大学出版社

社　　址：湖南·长沙·岳麓山　**邮　　编**：410082

电　　话：0731-88822559(营销部)，88821315(编辑室)，88821006(出版部)

传　　真：0731-88822264(总编室)

网　　址：http://press.hnu.edu.cn

前　言

随着互联网信息的爆炸式增长，作为缓解信息过载问题的有效手段，推荐系统已成为人工智能领域的一个重要研究热点，并广泛应用在电子商务、社交媒体、影音推荐等场景。常规基于协同过滤的推荐系统都以静态的方式对用户—物品交互进行建模，并且只能捕获用户的一般偏好，然而在现实生活中，用户行为连续发生且偏好存在时变性，常规推荐系统往往忽略了这一点。序列推荐试图理解和建模用户序列行为、用户和物品之间的交互，以及用户偏好随时间的演变，从而更精确地描述用户意图，产生更准确、个性化和动态的推荐信息。虽然当前序列推荐系统不断发展并得到广泛推广和应用，但仍存在一些复杂场景下的序列推荐问题亟待进一步探索和研究。例如对于匿名的短期会话推荐场景，由于无法获取用户历史行为记录，用户当前意图只能依据其短期会话行为进行感知，有限的监督学习信息限制了模型推荐的准确性，如何有效利用用户会话行为或物品属性等信息提高对当前会话意图建模的准确性值得进一步探索；对于用户长期历史行为存在的序列推荐场景，如何有效利用用户长期历史行为数据以及用户关联的社交网络等信息是进一步提高序列推荐的个性化和精准性的关键问题。

本书基于对多场景下用户序列行为的分析，采用多源信息增强的方法，构建多个智能推荐模型，旨在为序列推荐方法提供丰富的监督学习信号，提高序列推荐的精准性和个性化水平。首先针对匿名短期会话推荐任务，本书研究构建了基于全局关联关系的自监督图学习会话推荐方法，旨在通过挖掘不同短期会话间的关联关系丰富模型监督学习信号；其次结合物品属性信息，本书提出了基于邻居和类别关联关系的超图会话推荐方法，旨在解决以往方法中普通图无法建模多元关联关系以及缺少考虑类别关系的问题；接着针对查询推荐任务，本书将用户长期查询会话历史考虑进来，建立了基于分层注意力机制的查询推荐方法，旨在从用户历史行为中获取更多用户个性化偏好特征，提高查询推荐准确度；最后针对个性化时序推荐任务，本书在考虑用户长短期行为的同时，结合了用户不同动作行为的信息，提出基于用户长短期行为动态交互的个性化推荐方法，旨在解决用户长短期偏好动态协同增强问题；进一步地，本书将社交网络信息和用户个性化行为序列相结合，提出了基于社交网络表征学习的时序推荐方法，旨在利用社交网络信息解决个性化时序推荐中的数据稀疏性和用户冷启动的问题。本书从问题建模、算法求解、实验验证与分析等方面详细介绍了不同场景下的智能推荐方法。

本书内容是国防科技大学电子对抗学院与系统工程学院的科研人员多年学习、研究沉淀的成果。本书第 1 章和第 7 章由陈皖玉撰写，第 2 章由张海燕、黄浩恩撰写，第 3 章由王祎童撰写，第 4 章由陈炜捷、李国旺撰写，第 5 章由蔡飞撰写，第 6 章由张一嘉撰写。陈皖玉负责全书的内容组织与统稿。

序列推荐是推荐系统的重要组成部分，在实际生活和应用中不断发展演进，相关的理论创新和实践探索仍在飞速进行中，新的序列推荐算法也在发展和优化中，限于作者水平，书中难免有不妥之处，恳请读者批评指正，共同促进推荐系统的发展与完善。

目　　录

第1章 绪 论

信息智能服务技术和互联网的快速发展极大丰富了人类的生活，与此同时，用户与信息服务系统交互的行为数据也越来越多，推荐系统能够通过对用户行为的分析，感知用户意图，并且快速地为用户推荐有效信息满足其需求。因此，在推荐系统中，如何利用用户行为数据充分学习用户的偏好信息，实现精准信息推荐一直是研究的重点和难点。传统的推荐系统，包括基于内容和协同过滤的推荐，都是以静态的方式对用户—物品交互进行建模，并且只能捕获用户的一般偏好。然而在许多实际场景中，随着时间的推移，用户的偏好和物品的受欢迎程度都是动态变化的。此外，在现实世界中，用户的行为通常是连续发生的，而不是孤立的。用户—物品交互通常发生在特定的顺序上下文中，不同的上下文通常会导致不同的用户—物品交互。传统的推荐系统往往忽略了这一点。序列推荐将用户之前的顺序交互作为背景，预测将要产生的交互，有效提高了推荐准确性。针对序列推荐场景中用户时序行为关系复杂，意图感知难度高，导致推荐精度低等问题，本书基于对多场景下用户序列行为的分析，采用多源信息增强方法，构建多个智能推荐模型，旨在提高序列推荐的精准性。

1.1 研究背景

推荐服务的核心和关键在于推荐算法和技术。推荐算法以用户历史行为为研究对象，建模分析用户的偏好特征，然后计算得到每条信息和用户偏好的相关性，根据相关性将信息排序得到最终的推荐列表。但是在实际生活中，用户意图不是一直稳定不变的。一方面，用户偏好可能存在波动，因此信息需求是动态变化的，例如，在某段时间流行的物品可能会更容易与用户产生交互。另一方面，受到时间和环境的影响，用户的需求也会发生改变。例如在夏天，用户往往会和短袖、雪糕等物品产生交互，此时推荐羽绒服等物品就无法满足用户需求。用户意图的变化可以反映在用户序列交互行为中。序列推荐试图理解和建模用户序列行为、用户和物品之间的交互，以及用户偏好随时间的演变，从而更精确地描述用户意图，产生更准确、个性化和动态的推荐信息。序列推荐方法一般以用户的序列行为为输入，通过各种序列推荐模型，预测用户下一时刻可能交互的物品，并根据设计的效用函数计算物品得分，生成一个由排名前 N 位的候选物品组成的推荐列表。

序列推荐根据所考虑的用户序列行为长度的不同，可以分为长序列推荐（sequential recommendation）和短期会话推荐（session-based recommendation）。长序列推荐将用户所有行为按照时间顺序排列为一个行为序列，基于该序列对用户当前时刻的意图进行建模并对下一时刻可能交互的物品进行预测。这里时间戳只用来排序，具体的时间间隔并不体现在序列中。这种方法可将用户的所有行为记录都考虑进来，同时提供了个性化和动态化的推荐服务。

短期会话推荐建立在用户会话行为上。会话是指一段有明显界限的用户行为序列。这里的界限是指用户的行为有开始和结束的节点。例如在用户产生某个信息需求后，从开始浏览相关信息到结束的一段时间可以看作一个用户会话。一个会话内的行为可以是有序的，也可以是无序的。一个用户的所有交互行为可以划分为多个短期会话行为。在实际生活中，也存在一些用户历史行为无法获取情况，例如，用户没有登录本人账户后进行的交互，或者是匿名的行为记录。这种情况下系统只能获得该用户当前一段时间内的行为记录，即短期会话行为。因此只能根据用户一段时间内的有限次行为为用户提供信息主动推荐服务，这也是短期会话推荐的一种常见场景。短期会话推荐比传统推荐更加具有挑战性，因为可利用的用户行为较少。图 1-1 展示了短期会话行为和长序列行为的不同。

随着人工智能和机器学习理论的快速发展，序列推荐也逐步向智能化方向发展。利用丰富的用户行为数据，结合模型充分挖掘序列行为之间的关联关系，去除序列行为中可能存在的噪声，找到能表达用户偏好的行为特征，从而给用户推荐当前可能需要的物品或信息，满足用户当前需求。序列推荐技术在淘宝、亚马逊等电商平台上都有广泛的应用。通过分析用户的行为序列，及时为用户推荐其当前可能感兴趣的商品，提高用户使用系统的满意度和黏性，为电商平台带来巨大收益的同时也为人们的生活提供了便利。随着推荐系统的广泛应用，用户交互数据不断增多，用户行为模式也趋于复杂，给序列推荐也带来了挑战。

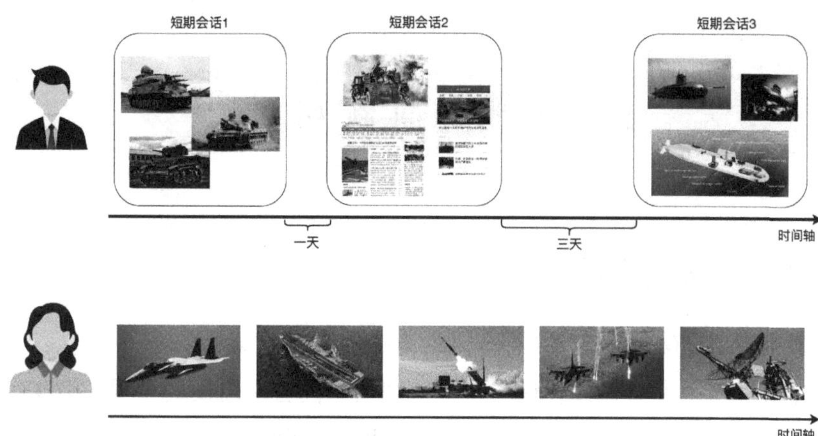

图 1-1 短期会话行为和长序列行为示例

一方面，对于匿名的短期会话而言，仅依赖短期序列行为间的时序关系为模型训练提供监督信号，无法进一步提高推荐的准确性，因此越来越多研究开始结合全局用户行为信息或与用户和物品相关的属性信息等多源信息，为序列推荐模型提供更多学习信号；另一方面，不同的用户即使短期会话行为相同，其意图和偏好也可能是不同的，这是用户个性化特征导致的。用户的长期历史行为数据以及用户的社交网络（social networks）数据等作为重要的数据源，可以帮序列推荐模型提供更为丰富的个性化偏好信息。因此如何有效利用这些多源信息，为用户提供“千人千面”的个性化推荐，也是提高序列推荐精准性的关键。

本书从序列推荐的实际应用需求出发，针对匿名短期会话推荐场景以及个性化序列推荐场景，研究序列推荐任务中的热点问题，采用多源信息增强的方法，结合不同用户行为数据、动作信息、物品种类信息以及用户社交网络等多源信息，丰富序列推荐模型的学习监督信号，提高模型对用户意图感知的准确性，以及模型推荐列表的精准性。

1.2 研究问题和意义

1.2.1 研究问题

本书主要的研究问题包括以下几点：

①针对匿名短期会话推荐任务，如何利用不同会话之间的全局关联关系，增强模型学习训练监督信号，解决模型学习过度平滑和训练过拟合问题，提高会话推荐的准确性。

②针对匿名短期会话推荐任务，如何有效利用用户—物品交互行为的转移关系与物品类别关系信息，并构建超图网络建模这些信息间的复杂关系，实现更加精准的信息推荐。

③针对查询推荐任务，如何有效利用用户的历史查询会话，为当前查询会话推荐提供个性化信息，同时降低不相关噪声行为的影响，提高当前查询会话推荐的准确性。

④针对个性化序列推荐任务，如何利用用户长期历史行为动态增强其短期偏好表征，为用户不同短期会话场景提供不同维度的个性化信息，同时利用用户不同的动作信息（如点击、收藏、加入购物车等行为），更加准确建模用户当前意图，提高个性化序列推荐准确率。

⑤针对个性化序列推荐任务，如何有效利用稀疏的社交网络信息缓解序列推荐中的数据稀疏性和用户冷启动问题，实现在用户冷启动场景下的精准序列推荐。

1.2.2 研究意义

针对上述研究背景以及提出的若干研究问题，开展本书的研究工作，其具体研究意义包括：

①在理论研究上，本书从模型结构设计、模型学习训练等角度出发，结合不同用户行为数据、动作信息、物品种类信息以及用户社交网络等多源信息，通过自监督学习、超图网络模型、协同注意力机制等理论研究，丰富序列推荐模型的学习监督信号，优化物品表征和用户表征，提高序列推荐精准性。

②在实际应用上，本书提出的多源信息增强的序列推荐模型，可以应用到电子商务、视频流媒体、社交网络、音乐推荐等现实场景中，在匿名的短期会话推荐场景以及个性化序列推荐场景中均可有效提高推荐系统的精准服务水平，实现用户和在线平台的双赢。

1.3 研究现状

1.3.1 基于短期会话行为的序列推荐算法相关研究

因为会话中的物品是根据时间顺序进行排列的，许多基于时序信息的方法通过建模时序信号来进行物品推荐[1-4]。循环神经网络（recurrent neural network，RNN)，如门控循环单元（gated recurrent unit，GRU）等，由于在处理时序数据上具有有效性，其在基于会话的序列推荐中得到了广泛的研究[1,2,5,6]。例如，Hidasi 等人首先提出 GRU4Rec，使用 GRU 来建模会话中的时序信号，并且采用了一种会话并行的批处理方式来进行模型训练[1]。Tan 等人提出使用数据增强来加强训练，并且采用模型预训练来考虑数据分布变化，提高基于 RNN 的推荐模型效果[7]。另外，Hidasi 和 Karatzoglou 指出 GRU4Rec 在训练过程中面临梯度消失的问题，因此设计了新的损失函数，来优化模型参数[2]。此外，为了强调用户的主要意图，Li 等人提出在 GRU4Rec 的基础上使用注意力机制来为会话内的重要物品分配较高的权重[8]。用户的交互行为模式远比简单的时序信号要复杂，而时序推荐模型严格按照时间顺序来处理用户行为，导致该类方法容易引入偏差。

近年来，考虑到图神经网络（graph neural network，GNN）建模物品间复杂关联关系的能力，许多 GNN 网络及其变体在推荐系统领域吸引了很多研究者的关注[9]，同样被广泛地应用在基于会话的序列推荐任务中[10-18]。例如，Wu 等人提出 SR-GNN，使用门控图神经网络来建模当前会话中物品之间的传递关系，从而生成准确的会话表示[10]。在此基础上，Xu 等人提出图内容自注意力网络(graph contextualized self-attention network，GC-SAN)，使用自注意力机制来扩展 SR-GNN，从而获得非局部的内容信息来进行准确推荐[15]。Chen 和 Wong 提出采用保存边顺序和引入捷径连接的方式来分别解决会话有损编码和远程依赖无法捕捉两种信息损失问题[12]。Yang 等人提出了基于需求感知图神经网络的动态推荐方法，该方法设计了一个需求建模组件提取会话需求，并使用全局需求矩阵估计每个会话潜在的多个需求，最后设计了需求感知图神经网络来提取会话需求图，为动态推荐提供依据[17]。Guo 等人指出采用离散的状态空间无法捕捉细粒度的用户偏好变化，导致推荐结果不够准确，因此提出图嵌入的 GRU 常微分方程模型，这是一种连续模型，将神经常微分方程模型的思想扩展到连续时间会话图[18]。上述基于图神经网络的方法中利用的监督信号仅仅通过当前会话中的时序信号来产生，限制了推荐准确度的进一步提升。现有方法中广泛使用的交叉熵损失函数由于对用户真实偏好的建模粒度过粗，容易引起严重的过拟合问题，限制了模型推荐精准度的提高。此外，在会话中物品之间不仅仅只有成对转换的关系，还有一些如物品属性关联带来的物品连接关系，普通的图网络无法很好地将这种多阶复杂关系同时建模出来。

自注意力机制和对比学习方法在会话推荐任务中得到了广泛研究[19-21]。Luo 等人提出协同自注意力网络，首先根据当前会话中的物品定位邻居会话，然后采用自注意力机制建模当前会话和每个邻居会话，最终生成协同会话表示来进行推荐[19]。基于 Transformer[22] 架构的模型无法克服数据稀疏和数据噪声带来的性能下降问题，对比学习被引入并广泛应用于基于 Transformer 架构的序列推荐模型中[23-26]。Du 等人提出基于对比学习和双向 Transformer 相结合的序列推荐模型，提出两种数据增强的方法，设计生成多个正样本对，并提出权重损失函数来平衡多个样本对带来的损失，提高模型推荐精准度[27]。Wang 等人提出一个适用于序列推荐的对比学习训练框架，认为具有同一个目标物品的序列应具有相似的表征，设计了上下文对比损失，现有的序列推荐方法如 GRU4Rec 等均可适用于该框架中，作为序列编码器使用[28]。对比学习的方法可以为模型训练提供额外监督信号，但是现有序列推荐方法中采用的对比学习策略都是基于物品之间的关联关系产生的，忽略了会话层面上不同会话之间的关联关系也可以提供自监督信号。

1.3.2　个性化序列推荐算法相关研究

常规的个性化推荐方法只关注了用户的长期静态偏好，忽略了用户行为之间的连续性和序列关系，不能捕捉用户的动态实时偏好，给用户推荐其当前满意的信息。和常规的个性化推荐不同，个性化序列推荐考虑用户行为之间的先后关系，捕捉用户偏好随时间的变化，从而获得用户当前的喜好并产生相应的推荐列表[29, 30]。传统的序列推荐方法中，Shani 等人利用马尔可夫决策过程对时序信息进行建模，但马尔可夫决策面临的问题是当时序长度增长时，状态空间将会变得不可控制[31]。Quadrana 等人提出了一种分层 RNN 架构，考虑了跨会话的行为序列来建模用户个性化信息需求[32]。Donkers 等人将用户标签加入 GRU 模型，提出基于用户标签的 GRU 推荐模型，产生个性化的序列推荐列表[33]。

由于用户序列行为存在偶发性、不规律性，基础神经网络序列推荐模型在建模用户意图时往往存在一些不足。近年来，注意力机制的发展能够在一定程度上缓解该问题。注意力机制在推荐系统中被广泛应用，目的是强调用户行为中一些重要的交互信息，弱化不重要的交互带来的噪声，从而帮助推荐系统过滤一些不相关的信息，提高个性化推荐的准确性。在循环神经网络中，Li 等人提出了一个神经注意力机制模型 NARM（neural attentive recommendation machine，NARM)[8]。该模型认为经过 RNN 建模后，用户行为序列中最后一个交互行为相比于其他行为更能代表用户当前的兴趣偏好，因此可以用最后一个时间步上的隐层向量计算其他时间步上隐层向量的重要度，并将权重化后的向量聚合生成最终用户意图的表示。实验结果表明该方法可以有效提高推荐准确性。注意力机制也被广泛应用于记忆网络和图神经网络。Liu 等人提出了一个短期注意力优先级模型（short-term attention/memory priority model，STAMP）[34]。该模型也是基于用户最后交互行为和序列中其他行为来计算注意力权重。受到 Transformer[22] 的启发，Kang 和 McAuley 提出基于自注意力的时序推荐模型（self-attention based sequential recommendation，SASRec）来利用用户所有的历史交互行为[35]。对于用户历史交互可用的场景，注意力机制也被广泛用于区分不同会话或者不同物品对探测当前用户意图的作用。例如，Ying 等人提出双层注意力网络，其中第一层注意力层用于从历史交互中获得用户长期偏好，然后再通过第二层注意力层与最近交互的物品进行结合来生成最终的用户偏好表示[36]。Xu 等人提出采用自注意力机制分别建模用户长短期偏好，然后将它们结合作为用户最终偏好表示[37]。

上述个性化序列推荐方法在结合用户长短期偏好时，均将用户长期偏好建模为一个固定的向量，无法实现用户长短期偏好的动态协同增强；同时现有方法也没有对用户不同的行为操作进行建模，因此限制了个性化序列推荐准确度的提高。此外现有方法缺少用户社交网络数据对用户动态偏好影响的建模，因此无法有效缓解数据稀疏性问题和用户冷启动问题。

1.4 本书研究内容和组织结构

本书主要针对序列推荐中的短期会话推荐和个性化时序推荐任务，结合不同用户行为数据、动作信息、物品种类信息以及用户社交网络等多源信息，通过自监督学习、超图网络模型、协同注意力机制等理论研究，丰富序列推荐模型的学习监督信号，优化物品表征和用户表征，提高序列推荐精准性。具体来说，本书的研究内容包括以下几点：

（1）提出了基于全局关联关系的自监督图学习会话型推荐方法

本书提出了一个基于全局关联关系的自监督图学习会话型推荐方法（self-supervised graph learning with target-adaptive masking，SGL-TM）。通过引入全局信息关联关系，据此进行自监督学习和目标自适应屏蔽，以解决过度平滑和过拟合问题。具体来说，首先构建能够反映所有物品之间关联关系的全局图。对于当前会话，将其转换为会话图，应用图注意力网络学习信息表示，同时从全局图中获取正在进行的会话中的物品全局邻居和非邻居关联关系作为自监督信号以增强信息表示学习，获取准确的表示，形成用户偏好。其次，根据目标物品在全局图中的关联关系进行目标自适应屏蔽，使用屏蔽后的候选集计算交叉熵损失，将推荐模型主监督损失与辅助自监督损失相结合以形成总损失进行模型优化。最后，通过在大规模数据集上的实验验证了基于全局关联关系的自监督图学习模型在会话型推荐上的有效性，并证明其在不同长度会话上性能的鲁棒性。

（2）提出了基于邻居和类别关联关系的超图会话型推荐方法

本书提出了一个基于邻居和类别关联关系的超图会话型推荐方法（hypergraph framework based on neighborhood and category association relationships for session-based recommendation，HL-NCA）。通过设计包含会话、邻居和类别三种超边的超图，实现对信息之间高阶复杂关联的建模，以解决普通图无法很好地表示信息之间超越成对关系以及缺少类别信息的问题。通过基于注意力机制的超边信息聚合获取会话超边中物品的邻居和类别信息进行节点表示更新以得到物品表示，并与反向位置嵌入向量结合得到最终的信息表示。使用注意力加权计算得到用户的兴趣偏好，并据此进行下一项推荐，通过交叉熵损失计算得到推荐模型的损失以进行模型优化。最后，通过实验验证基于邻居和类别关联关系的超图模型在会话型推荐上的效果，并证明邻居和类别关联关系在推荐中的有效性。

（3）提出了基于分层注意力机制的查询推荐方法

本书提出了一个基于分层注意力机制的查询推荐方法（attention-based hierarchical neural query suggestion，AHNQS）。该模型中的分层机制包括一个会话层的 RNN 网络和一个用户层的 RNN 网络，会话层用于对用户的短期查询记录建模，用户层用于对用户的长期查询行为进行建模。注意力机制的使用能够更好地捕捉用户在当前会话中的查询意图。对于会话层 RNN，该模型采用组合会话状态同时考虑用户的序列行为以及在当前会话中的主要意图，而后将该会话状态用作用户 RNN 网络的输入。对于用户层 RNN，该模型采用其最后一个隐藏层状态初始化下一个会话层 RNN，从而传递用户的个性化信息。最后在 AOL 数据集上进行了实验，实验结果表明该模型比现有基线模型的查询推荐效果要好，尤其对短的查询会话和拥有较少查询会话数量的用户，该模型效果提升更加明显。

（4）提出了基于用户长短期行为动态交互的个性化推荐方法

本书提出了一个基于用户长短期行为动态交互的个性化推荐方法（dynamic co-attention network for session-based recommendation，DCN-SR）。该模型采用交互注意力网络捕获用户的长期和短期交互行为之间的动态关系，并生成相关用户长期和短期偏好表征。不仅利用了用户长短期行为信息，还考虑了用户长期和短期偏好之间的动态关联关系。此外，为了建模用户的短期兴趣偏好，该模型提出了一个上下文的 GRU 网络来考虑用户不同的动作信息，如“点击”“收集”和“购买”等，为建模用户未来偏好提供更多信息。在大规模公开数据上的实验结果表明了该模型在不同的会话长度和不同数量的用户历史交互条件下的有效性和鲁棒性。DCN-SR 应用在不同的会话长度上，其推荐效果均优于最先进的基线模型，特别是对于较短的会话，其推荐效果提升明显。对于具有不同历史交互数量的用户，DCN-SR 的推荐效果均优于最先进的基线模型。

（5）提出了基于社交网络表征学习的时序推荐方法

本书提出了一个基于社交网络表征学习的时序推荐方法——联合的个性化马尔可夫模型（joint personalized Markov chains-based recommendation model，JPMC），该模型针对隐反馈推荐系统中的用户冷启动问题，对社交网络中的复杂用户关系数据进行深入挖掘，同时考虑了社交网络数据对动态用户长期和短期偏好的影响，通过一个联合的分解框架强化了社交网络对于用户冷启动问题的改善能力。模型首先通过网络表征方法对社交网络进行预训练，并根据学习的社交感知的用户特征为用户选取一组相似度高的用户，即网络邻居；而后基于网络邻居构造了静态增强矩阵，并在该结构的基础上考虑了时序信息对用户偏好的影响，建立了一个动态社交感知序列；最后基于动态社交感知序列，设计了一个基于马尔可夫链的联合分解框架建模用户的长期和短期偏好，从而实现序列推荐。在三个公开的数据集上的实验结果显示，模型在推荐准确率上具有明显的提升，并且能够有效处理社交网络数据稀疏情况下的用户冷启动问题。

基于上述研究内容，本书的组织结构安排如下：

第 1 章为绪论。首先介绍了本书的研究背景；其次提出了本书的研究问题及其研究意义，同时概述了本书相关的国内外研究现状；最后列出了本书的主要研究点并阐述了本书的组织结构。

第 2 章为基于全局关联关系的自监督图学习会话型推荐方法。本章针对短期会话推荐中监督学习信号不足，模型训练过拟合等问题，首先在使用图神经网络学习当前会话中信息表示的基础上，创新性地提出从全局邻居和非邻居关联关系中获取自监督信号以加强信息表示并缓解深度图神经网络带来的过度平滑问题；然后设计了设计目标自适应性屏蔽模块更新候选集物品来解决模型训练过程中的过拟合问题，从而提高推荐的准确度；最后在两个公开数据集上开展实验，对模型推荐效果进行了验证，同时对模型不同组成部分的作用以及会话长度和超参数对模型效果的影响进行了实验分析。

第 3 章为基于邻居和类别关联关系的超图会话型推荐方法。本章在第 2 章的基础上，解决普通图无法准确反映信息间多元、高阶关系的问题。首先借助超图的特性，通过构建具有会话、邻居和类别三种超边的超图建模物品之间多元关联关系，实现邻居和类别信息的聚合；然后通过超边信息聚合和节点表示更新得到物品表示，将其与反向位置嵌入向量相结合得到最终的信息表示并使用注意力机制获取用户兴趣偏好，据此进行下一时刻可能交互的物品推荐，实现推荐系统性能的提升；最后通过在两个大规模电子商务数据集上的实验对模型效果进行验证。结果表明本章提出的模型在 Recall 和 MRR 指标上均优于先进的基线模型。

第 4 章为基于分层注意力机制的查询推荐方法。本章针对个性化查询推荐问题，首先介绍基于会话数据的查询推荐；然后考虑用户长期查询推荐历史行为，提出分层用户一会话 RNN 查询推荐模型，将用户历史查询会话建模，用来更新当前查询会话，从而引入用户个性化偏好信息；最后，在分层架构中引入注意力机制，降低会话中噪声行为的影响，捕捉用户的主要查询意图。通过对实验结果的分析证明了模型比现有基线模型的查询推荐效果要好，尤其对短的查询会话和拥有较少查询会话数量的用户，该模型效果提升更加明显。

第 5 章为基于用户长短期行为动态交互的个性化推荐方法。本章在第 4 章的基础上，进一步考虑用户长短期序列行为之间存在的一定关联关系，针对不同的短期会话行为，用户长期偏好表征应该是动态调整的，以便提供不同维度的个性化信息，从而对其短期偏好表征进行增强。因此本章首先对用户当前短期行为，考虑其动作行为的特征信息（例如，点击或者收藏）在体现其偏好程度上具有差异，提出基于上下文的门控循环神经网络单元；在此基础上，设计交互式注意力网络模型，动态优化用户的长期偏好和短期偏好表示；最后，通过对实验结果的分析证明了模型能够有效提高个性化时序推荐的准确性。

第 6 章为基于社交网络表征学习的时序推荐方法。本章对社交网络中的复杂用户关系数据进行深入挖掘，提出一个基于社交网络的时序推荐模型，考虑了社交网络数据对动态用户长期和短期偏好的影响，通过一个联合的分解框架强化了社交网络对于个性化时序推荐中用户冷启动问题的改善能力。首先通过网络表征方法对社交网络进行预训练，并根据学习的社交感知的用户特征为用户选取一组相似度高的用户，同时构造静态增强矩阵，并在该结构的基础上建立了一个动态社交感知序列；而后在此序列基础上，本章设计了一个基于马尔可夫链的联合分解框架建模用户的长期和短期偏好，实现个性化序列推荐；最后通过实验验证了模型在序列推荐准确率上具有明显的提升。

第 7 章为总结与展望。本章全面总结了本书的研究工作，同时指出了未来可进一步展开的研究工作。

本章参考文献

[1] HIDASI B，KARATZOGLOU A，BALTRUNAS L，et al. Session-based recommendations with recurrent neural networks [C] // Proceedings of the International Conference on Learning Representations (ICLR' 16) . 2016.

[2] HIDASI B，KARATZOGLOU A. Recurrent neural networks with top-k gains for session-based recommendations [C] // Proceedings of the International Conference on Information and Knowledge Management (CIKM' 18) . 2018：843-852.

[3] WANG S，HU L，WANG Y，et al. Sequential recommender systems：challenges，progress and prospects [C] // Proceedings of the International Joint Conference on Artificial Intelligence (IJCAI' 19) . 2019：6332-6338.

[4] 王鸿伟，过敏意．刻画长短期用户兴趣的基于会话的推荐系统 [J]．中国科学：信息科学，2020，50 (12)：1867-1881.

[5] CHEN W，CAI F，CHEN H，et al. Attention-based hierarchical neural query suggestion [C] // Proceedings of the 41st International ACM SIGIR Conference on Research and De-

velopment in Information Retrieval. ACM, New York, NY, USA, 2018.

[6] CHEN W, CAI F, CHEN H, et al. Hierarchical neural query suggestion with an attention mechanism [J]. Information Processing and Management, Volume 57, Issue 6, 2020, 102040.

[7] TAN Y K, XU X, LIU Y. Improved recurrent neural networks for session-based recommendations [C] // Proceedings of the 1st Workshop on Deep Learning for Recommender Systems (DLRS' 16). 2016: 17-22.

[8] LI J, REN P, CHEN Z, et al. Neural attentive session-based recommendation [C] // Proceedings of the International Conference on Information and Knowledge Management (CIKM' 17). 2017: 1419-1428.

[9] HE X, DENG K, WANG X, et al. LightGCN: simplifying and powering graph convolution network for recommendation [C] // Proceedings of the International ACM SIGIR Conference on Research and Development in Information Retrieval (SIGIR' 20). 2020: 639-648.

[10] WU S, TANG Y, ZHU Y, et al. Session-based recommendation with graph neural networks [C] // Proceedings of The AAAI Conference on Artificial Intelligence (AAAI' 19). 2019: 346-353.

[11] PAN Z, CAI F, CHEN W, et al. Star graph neural networks for session-based recommendation [C] // Proceedings of the 29th ACM International Conference on Information and Knowledge Management (CIKM' 20). ACM, New York, NY, USA, 2020.

[12] CHEN T, WONG R C. Handling information loss of graph neural networks for session-based recommendation [C] // Proceedings of the International Conference on Knowledge Discovery and Data Mining (KDD' 20). 2020: 1172-1180.

[13] YU F, ZHU Y, LIU Q, et al. TAGNN: target attentive graph neural networks for session-based recommendation [C] // Proceedings of the International ACM SIGIR Conference on Research and Development in Information Retrieval (SIGIR' 20). 2020: 1921-1924.

[14] 曾义夫，牟其林，周乐．基于图表示学习的会话感知推荐模型 [J]．计算机研究与发展，2020，57 (03): 590-603.

[15] XU C, ZHAO P, LIU Y, et al. Graph contextualized self-attention network for session-based recommendation [C] // Proceedings of the International Joint Conference on Artificial Intelligence (IJCAI' 19). 2019: 3940-3946.

[16] QIU R, HUANG Z, LI J, et al. Exploiting cross-session information for session-based recommendation with graph neural networks [J]. ACM Trans. Inf. Syst, 2020, 38 (3): 22.1-22.23.

[17] YANG L, LUO L, XIN L, et al. DAGNN: demand-aware graph neural networks for session-based recommendation [C] // Proceedings of the International ACM SIGIR Conference

on Research and Development in Information Retrieval (SIGIR' 22) . 2022.

[18] GUO J, ZHANG P, LI C, et al. Evolutionary preference learning via graph nested GRU ODE for session-based recommendation [C] // Proceedings of the 31st ACM International Conference on Information and Knowledge Management (CIKM '22) . 2022: 624-634.

[19] LUO A, ZHAO P, LIU Y, et al. Collaborative self-attention network for session-based recommendation [C] // Proceedings of the International Joint Conference on Artificial Intelligence (IJCAI' 20) . 2020: 2591-2597.

[20] WANG Z, WEI W, CONG G, et al. Global context enhanced graph neural networks for session-based recommendation [C] // Proceedings of the International ACM SIGIR Conference on Research and Development in Information Retrieval (SIGIR' 20) . 2020: 169-178.

[21] XIA X, YIN H, YU J, et al. Self-supervised hypergraph convolutional networks for session-based recommendation [C] // Proceedings of The AAAI Conference on Artificial Intelligence (AAAI' 21) . 2021: 4503-4511.

[22] VASWANI A, SHAZEER N, PARMAR N, et al. Attention is all you need [C] // Proceedings of the Conference on Neural Information Processing Systems (NeurIPS' 17) . 2017: 5998-6008.

[23] CHEN X, XIE S, HE K. An empirical study of training self-supervised vision transformers [C] // In ICCV. 2021: 9620-9629.

[24] GAO T, YAO, CHEN D. SimCSE: simple contrastive learning of sentence embeddings [C] // In EMNLP. 2021: 6894-6910.

[25] QIU R, HUANG Z, YIN H. Memory augmented multi-instance contrastive predictive coding for sequential recommendation [C] // ICDM. 2021.

[26] QIU R, HUANG Z, YIN H, et al. Contrastive learning for representation degeneration problem in sequential recommendation [C] // In WSDM. 2022.

[27] DU H, SHI H, ZHAO P, et al. Contrastive learning with bidirectional transformers for sequential recommendation [C] // Proceedings of the 31st ACM International Conference on Information and Knowledge Management (CIKM '22) . 2022: 396-405.

[28] WANG C, MA W, CHEN C. Sequential recommendation with multiple contrast signals [J] . ACM Transactions on Information Systems, 2022, 41: 1-27.

[29] CHEN W, HAO Z, SHAO T, et al. Personalized query suggestion based on user behavior [J] . International Journal of Modern Physics C, 2018, 29 (4): 1-15.

[30] CHEN W, CAI F, CHEN H, et al. Joint neural collaborative filtering for recommender systems [J] . ACM Transactions on Information Systems (TOIS), 2019, 37 (4): 39.1-39.30.

[31] SHANI G, HECKERMAN D, BRAFMAN R I. An MDP-based recommender system

[J]. J. Mach. Learn. Res, 2005, 6: 1265-1295.

[32] QUADRANA M, KARATZOGLOU A, HIDASI B, et al. Personalizing session-based recommendations with hierarchical recurrent neural networks [C] // Proceedings of the Eleventh ACM Conference on Recommender Systems. 2017: 130-137.

[33] DONKERA T, LOEPP B, ZIEGLER J. Sequential user-based recurrent neural network recommendations [C] // Proceedings of the Eleventh ACM Conference on Recommender Systems. New York, NY, USA, 2017: 152-160.

[34] LIU Q, ZENG Y, MOKHOSI R, et al. STAMP: short-term attention/memory priority model for session-based recommendation [C] // Proceedings of the 24th ACM SIGKDD International Conference on Knowledge Discovery and Data Mining. London, UK, August 19-23, 2018.

[35] KANG W, MCAULEY J J. Self-attentive sequential recommendation [C] // Proceedings of the IEEE International Conference on Data Mining (ICDM' 18). 2018: 197-206.

[36] YING H, ZHUANG F, ZHANG F, et al. Sequential recommender system based on hierarchical attention networks [C] // Proceedings of the International Joint Conference on Artificial Intelligence (IJCAI' 18). 2018: 3926-3932.

[37] XU C, FENG J, ZHAO P, et al. Long- and short-term self-attention network for sequential recommendation [J]. Neurocomputing, 2021, 580-589.

第2章　基于全局关联关系的自监督图学习会话型推荐方法

2.1 引　言

作为解决信息过载问题的有效手段，推荐系统可以帮助人们在面对线上平台丰富多样的产品或信息时做出准确的选择[1]。基于协同过滤等传统方法的推荐系统主要关注用户的长期偏好，而忽略了他们当前的交互模式。这会导致在一些现实场景下，尤其是无法获取用户长期交互信息的情况下，推荐得不准确。因此，研究人员提出会话型推荐，它可以通过对用户近期的有限交互进行建模来生成推荐[2]。

会话是由用户在短时间内交互的物品或信息按照时间顺序排列形成的，如图2-1所示，将用户在过去一段时间内浏览过的商品作为一个会话。考虑到序列模型在建模顺序依赖时的优势，基于马尔可夫链和循环神经网络的方法起初在会话型推荐领域占据主流地位。例如，Shani 等人使用马尔可夫决策过程来建模用户顺序交互序列以得到用户的意图[3]。Ruocco 等人设计多 RNN 推荐模型，旨在获取当前会话信息的同时，捕获用户在其他历史会话中的上下文信息[4]。随着图神经网络在建模节点转换关系上的强大表现，图神经网络逐渐取代序列神经网络模型在会话型推荐中的主流地位。例如，Chen 等人结合门控图神经网络和注意力机制，提出多头注意图神经网络来有选择地捕获重要物品信息，从多个维度建模用户偏好表示[5]。

图 2-1　会话示例 1

然而，基于马尔可夫链和循环神经网络的方法未能将物品之间复杂的转换模式考虑在内。此外，尽管基于图神经网络的方法取得了显著的成功，但仍然存在局限性。一方面，深度图神经网络可能会导致过度平滑问题，即会话中相邻物品学习到的表示高度相似，使得物品特征无法被准确地区分。另一方面，现有模型的训练目标是最小化交叉熵损失。在训练过程中，目标项的得分会不断增加，而其他项，包括目标项的邻居，都被视为分数递减的负样本。然而，从理论上来说，图中相邻的物品应该是相似的；也就是说，目标物品的邻居节点的分数与其他不相关节点以同样的方式下降是不合理的，这会导致过拟合问题，进而会影响推荐的准确度。

为了解决上述问题，在本研究中，提出基于全局关联关系的自监督图学习（SGL-TM）模型，以用于会话型推荐。具体来说，首先构建所有会话中的信息之间的全局关联连接，从中获取每个信息的邻居和非邻居关联关系以作为增强信息表示学习的自监督信号。随后，在给定当前会话的情况下，应用图注意力网络得到会话中信息的嵌入表示，以此生成当前会话的长期和短期兴趣从而获得用户偏好。此外，为解决模型过拟合问题，对于每个会话，使用设计的目标自适应屏蔽模块根据目标信息的全局关联关系对候选集物品进行屏蔽操作以使用更新后的候选集计算推荐任务的主监督损失，之后结合辅助自监督损失得到总损失以进行模型优化。在两个真实世界的数据集 Gowalla 和 Diginetica 上进行了实验，实验结果表明，本研究提出的 SGL-TM 模型在 Recall@20 和 MRR@20 评估指标方面都优于最先进的基准模型，这证明了提出的基于全局关联关系的自监督图学习方法在会话型推荐上的有效性。

总的来说，本章的主要贡献可以概括如下：

①提出了一种适用于会话型推荐的先进自监督学习框架，它可以利用图学习中信息之间的全局关联关系来解决图神经网络的过度平滑问题。

②设计了一个目标自适应屏蔽模块，以使用目标信息的全局关联关系解决模型训练过程中使用 softmax 层和交叉熵损失导致的过拟合问题。

③在两个公开的、真实世界数据集 Gowalla 和 Diginetica 上实施的实验结果

表明，提出的 SGL-TM 模型在 Recall@20 和 MRR@20 评估指标方面均优于竞争基准模型。

2.2 相关工作分析

作为当前推荐系统研究领域的热点之一，本节将从基于传统方法和基于深度学习两个方面对会话型推荐相关工作进行详细的介绍，并总结当前基于自监督学习的推荐系统的国内外研究现状。

2.2.1 基于传统方法的会话推荐

传统的会话型推荐方法常使用数据挖掘、机器学习等方式来获取会话序列中的信息依赖关系[6]。传统的会话型推荐研究可根据其使用的方法大致划分为基于模式挖掘、基于 K 最近邻、基于马尔可夫链和基于生成概率模型四类。

当前基于模式挖掘的会话型推荐研究主要分为两种：一种被称为频繁模式规则挖掘，主要挖掘无序会话中不同交互的关联模式；另一种则是基于顺序模式挖掘，主要挖掘会话中顺序序列或者顺序交互中的序列模式。基于模式挖掘的会话型推荐方法包含频繁或顺序模式挖掘、会话匹配和生成推荐三个步骤。在此基础上，为了考虑线上浏览时不同页面的重要性，Yan 等人将页面持续浏览时间等指标融合关联模式挖掘方法以构建基于加权关联关系的网页推荐系统[7]。Yap 等人构建个性化序列挖掘模型来捕捉用户特定的序列模式，建模推荐物品和顺序模式之间的关系，预测接下来用户可能访问的内容[8]。

随着基于 K 最近邻的推荐方法被证明为有效的，这一方法开始被广泛应用于会话型推荐领域[9]。从理论上来说，基于 K 最近邻的会话型推荐方法首先从会话序列信息中找到与当前交互最相似的 K 个交互，并通过余弦相似度等相似度算法计算出每个候选项的相似度分数，以反映其与当前交互的相关性，作为后续推荐的参考。在实际应用中，根据计算的是物品还是会话间的相似度，基于 K 最近邻的会话型推荐方法可被具体分为物品－K 最近邻和会话－K 最近邻。相较于物品－K 最近邻而言，会话－K 最近邻考虑到了整个会话序列的信息，因此可以通过聚合更多信息来进行更准确的推荐。例如，Garg 等人使用 K 最近邻方法计算会话间的相似度，并融合序列和时间等多方面信息进行下一项推荐[10]。

在会话型推荐领域，马尔可夫链常被用来捕获用户相邻交互之间的概率转换模式。Zhang 等人设计结合一阶和二阶马尔可夫链的复合网页推荐模型来进行下一个网页推荐[11]。Rendle 等人构建融合矩阵分解和马尔可夫链的混合模型，以结合两种模型的优势同时捕捉会话中的顺序序列模式和用户的长期偏好[12]。Shani 等人采用马尔可夫决策过程建模用户交互信息之间的转换依赖性以充分考虑每个行为的长期影响和预期价值，旨在生成更准确的推荐[3]。

基于生成概率的会话型推荐方法通常首先推断会话中信息的潜在类别，例如对于一首歌曲会预先判断其属于的主题或者流派，学习会话内或会话间这些潜在类别的转换模式，并据此来预测下一个潜在类别及其中的特定物品以进行下一项推荐。例如，Hariri 等人在该模型基础上融合上下文信息提出基于潜在主题序列模式的音乐推荐模型[13]。

尽管基于传统方法的会话型推荐研究对于推动会话型推荐系统的发展提供了较大帮助，但不可否认的是，由于自身模型结构的局限性，其存在较大缺陷。具体来说，基于模式挖掘的方法存在信息缺失问题，并且不能处理复杂数据；基于 K 最近邻的方法面临着难以确定 K 的具体值问题；基于马尔可夫链的方法则会忽略会话中的长期或高阶依赖；而对于生成概率方法来说，它的计算成本相对较高。

2.2.2 基于深度学习的会话推荐

随着神经网络的发展以及在各研究领域表现出的优越性。近期，一些深度神经模型，例如卷积神经网络、循环神经网络、注意力机制和图神经网络被广泛应用在会话型推荐领域。

应用卷积神经网络的方法通常将会话看作图像来进行后续处理，使用过滤和池化操作来学习会话中的信息表示，用于后续生成推荐。卷积神经网络在会话型推荐中表现出的性能优越性可归纳为以下两点，一是放宽了对会话中交互的严格顺序假设，二是具备从特定区域学习局部特征以及捕捉会话中不同区域之间关系的能力。Yuan 等人将会话中的交互看作图像，使用卷积神经网络同时从长期和当前信息依赖中学习信息表示，并应用卷积运算来生成信息嵌入表示[14]。Tuan 等人提出利用 3D 卷积神经网络这一能够捕获时空模式的模型对会话点击和内容特征等多维度数据进行编码，并应用于电子商务网站的购物车推荐等现实场景中[15]。You 等人构建分层时间卷积网络（HierTCN）对用户的顺序交互进行建模，借助分层网络同时捕捉用户在会话中不断演变的长期兴趣和当前的短期交互以对用户进行精准刻画，实现实时大规模推荐[16]。

受益于循环神经网络在建模顺序依赖方面的内在结构优势，基于循环神经网络的会话型推荐方法逐渐开始占据主流地位。基于循环神经网络的方法首先建模整个会话序列，并将会话序列的最后隐藏状态作为会话的上下文表示，据此来预测下一项推荐。Hidasi 等人创建了 GRU4Rec 模型，该模型是首个使用循环神经网络来建模整个会话序列的会话型推荐方法，并引入了用于优化模型的会话并行训练机制[17]。为了改进 GRU4Rec，Tan 等人提出了多种优化技术来增强 GRU4Rec 模型性能，如数据增强和广义蒸馏，旨在增强训练过程并减少模型过拟合问题以使信息推荐更准确[18]。Quadrana 等人设计了一个分层 RNN 模型，实现将同一个用户在当前会话中的历史兴趣传递到其他会话中，增强了对用户长期兴趣偏好的刻画，提高了个性化推荐的准确度[19]。与此相似的是，Ruocco 等人提出使用多个 RNN 的推荐模型，一个用来捕获当前会话序列信息，另一个用来获取用户在历史会话中的兴趣信息。与单个 RNN 模型相比，该模型引入会话间的信息，能够解决会话中的冷启动问题[4]。

为了考虑用户在当前会话中的主要意图，注意力机制开始受到广泛关注，它可以判断用户交互历史中不同物品的重要程度。现有研究有将注意力机制与其他神经网络模型一起使用，例如，Chen 等人设计将注意力机制与门控神经单元结合来动态捕捉用户的长期和短期交互行为[20]。Li 等人设计了基于混合编码器的神经注意推荐模型，引入注意力机制来同时考虑顺序行为和用户的主要意图[21]。Wang 等人提出基于会话的协作推荐机制（CRM），其中的内部内存编码器是由循环神经网络和注意力机制共同组成以建模用户的历史信息[22]。此外，还有部分研究单独使用注意力机制，例如，Liu 等人提出了一种短期记忆优先级模型，用于捕捉用户的长期和短期兴趣，以此来对用户形象进行更准确的刻画[23]。Pan 等人设计带有重要性提取模块的推荐方法，它使用改进的自注意力机制来评估会话中不同物品的重要性程度[24]。

近年来，针对图神经网络的研究取得了卓越的进展，图神经网络在建模信息之间连接关系的强大能力被越来越多的学者所注意到。同样，图神经网络已经被应用在会话型推荐领域并取得了可观的成就。具体而言，给定一个或多个会话序列，将会话序列转换为图，图神经网络被应用在该图中传播节点之间的信息，从而学习准确的信息表示；最后，通过图神经网络学习到的信息表示被输入到推荐模型的预测模块以生成下一项推荐。

Wu 等人提出 SR-GNN 模型，该模型首先提出将图神经网络应用在会话型推荐中，以使用图的结构优势学习会话中的信息嵌入表示，具体来说，该模型使用传入和传出矩阵来表示信息之间的转换模式[25]。在 SR-GNN 的基础上，Xu 等人利用图神经网络和自注意力机制来提取会话中信息的短期依赖和长期交互模式[26]。Yu 等人设计了一种新型的基于目标注意力的图神经网络模型，采用目标感知注意力机制自适应地激活不同用户对于不同目标信息的兴趣[27]。Qiu 等人构建一个复杂加权图注意网络以学习会话中信息转换模式的固有顺序[28]。除了利用当前会话信息之外，还有一些模型使用其他会话提供的额外信息来辅助准确地建模用户的主要意图。例如，Qiu 等人设计了 FGNN＋模型，该模型使用全局图来连接不同的会话从而捕捉跨会话信息，以生成精准的推荐[29]。Wang 等人则提出分别通过构建全局图和当前会话图，来同时计算全局和当前会话信息流[30]。此外，Chen 等人提出一种具有无损编码方案的快捷图注意层，以解决图神经网络应用在会话型推荐中出现的信息丢失问题，并进一步提高推荐生成的准确度[31]。

然而，基于卷积神经网络和循环神经网络的会话型推荐方法未能将物品之间的复杂转换模式考虑在内，从而在一定程度上限制了推荐性能。此外，尽管基于图神经网络的方法取得了突出的成就，但它们经常面临严重的过度平滑问题[32]。也就是说，深度图神经网络会导致会话中学习到的信息表示之间存在显著相似性，从而会导致不准确的推荐。

2.2.3 基于自监督学习的推荐系统

自监督学习[33] 是一种新的机器学习范式，它的原理是从数据中挖掘伪标签以监督模型训练，并将学习到的表示用于各类下游任务，目前已广泛应用于视觉表示学习[34, 35]、语言模型预训练[36] 等多个人工智能领域。

近年来，基于神经网络的推荐系统研究取得了卓越的成就。然而，由于神经网络自身结构的限制以及推荐系统数据集通常高度稀疏[37]，现有模型性能仍达不到预期。自监督学习作为一种能够利用未标记数据解决数据稀疏等问题的新兴技术，近期在推荐系统领域引起广泛关注，以期能够用来提高推荐模型性能、生成准确的推荐。

根据推荐任务的特点，可以将现有的基于自监督学习的推荐系统研究划分为四类，即对比、预测、生成和混合。

自监督对比推荐运用多种数据增强方法和各类型数据以生成多种形式的对比任务，自监督信号的来源可从结构级对比、特征级对比和模型级对比中获得。

Wu 等人提出基于图的自监督推荐模型（SGL），在用户－物品图中应用节点丢失、边缘丢失、随机游走三种随机图增强类型，学习生成的两个增广图中的节点嵌入表示以进行节点级对比[38]。与此相似的是，Liu 等人设计的 DCL 模型，该模型生成两个增强的邻域子图，并最大化从两个子图上学习到的节点表示的一致性[39]。Xie 等人提出用于顺序推荐的对比学习模型（CL4SRec），使用屏蔽、裁剪、重排序三种数据增强方法，从用户的行为中获取自监督信号来生成用户表示[40]。Xia 等人构建图形编码器以同时借助会话的内部和外部连接信息，并通过对比学习充分利用相关信息来解决数据稀疏问题[41]。

生成式自监督推荐的思想是：通过用损坏的版本重建原始输入，可以对数据的内在相关性进行编码，从而应用于推荐任务。Yuan 等人提出基于间隙填充的推荐模型（GRec），该模型具有编码器－解码器机制，将部分完整（其中有部分物品被屏蔽）的会话作为输入，解码器根据编码输入预测被屏蔽的信息[42]。Liu 等人提出使用采样子图进行图形重建与推荐的 PMGT 模型，具体来说，根据物品节点构建抽样子图，将子图馈送到基于 Transformer 的编码器中，该方法实现使用缺失的相邻物品预训练物品表示，以此进行推荐[43]。

与使用缺失原始数据进行自监督的生成式自监督推荐方法不同，预测式自监督推荐从完整原始数据中获得自监督信号，并根据预测任务的不同，划分为样本预测和伪标签预测。Xin 等人借助强化学习优化现有的顺序推荐模型，旨在区分点击、购买等多种类型的用户物品交互行为，提高推荐模型的精准程度[44]。Zhou 等人设计了用于顺序推荐的自监督学习方法（S3-Rec），该方法基于互信息最大化来学习序列、子序列、物品和属性之间的相关性，从中捕捉自监督信号，并通过预训练来增强用于推荐的物品表示[45]。

混合方法则是组合多个子任务以获取各类型的自监督信号。例如，Hao 等人提出基于多策略的冷启动推荐预训练方法（MPT），它通过对比学习任务来捕捉用户、物品以及用户与物品交互之间的关联性，再运用生成任务模拟真实的冷启动推荐[46]。Yuan 等人提出的混合自监督模型则将对比任务和预测任务进行组合用于顺序推荐，利用三个自监督任务来提取时间一致性、角色一致性和会话一致性，建立集成学习框架进行预测推荐[47]。混合型自监督推荐通过组合多个子任务，获得更加全面的自监督信号。然而，混合型方法由于其结构的复杂，不可避免地面临着训练成本更高的问题。

尽管上述自监督学习方法在推荐系统中取得了明显的改进效果，但它们总是从会话－信息或者是会话－会话的角度捕获自监督信号，常常会忽略不同会话中信息之间的关联关系，这可以提供额外的监督信号。因此，在本章中，提出基于全局关联关系的自监督图学习模型，在推荐模型主监督学习的基础上，利用全局图中信息之间的全局关联关系来增强信息的表示学习。

2.3 相关理论与技术

本章聚焦于会话型推荐任务的研究，通过对会话中信息之间关联关系的充分挖掘，建模更加准确的用户兴趣偏好，从而实现更加精准的个性化推荐。为了方便对本研究内容的理解，本节将首先介绍会话型推荐领域相关知识，然后对提出的模型中涉及的图神经网络、自监督学习等相关深度学习技术进行介绍。

2.3.1 会话型推荐

本节将从推荐系统的组成结构、会话型推荐任务等方面对会话型推荐系统进行全面的介绍。

2.3.1.1 推荐系统的组成结构

推荐系统的本质是通过一定的算法从大量数据中挑选出用户可能感兴趣的信息，并将其推荐给用户，旨在期望用户与这些信息发生交互。在大数据蓬勃发展的今天，推荐系统在电子商务、社交媒体、视频新闻等线上平台得到广泛应用，无论是抖音的“推荐”页面还是淘宝“你可能感兴趣”的商品，推荐系统在其中都发挥着至关重要的作用。通常将推荐系统的结构组成划分为数据、推荐算法、推荐列表生成和性能评估四个阶段，如图 2-2 所示。

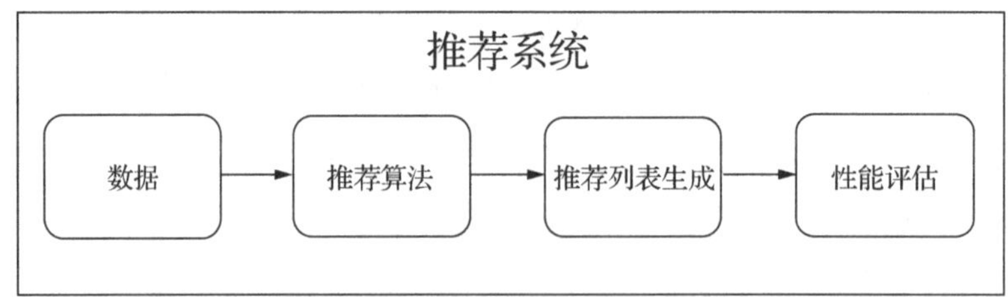

图 2-2 推荐系统组成结构

数据部分为推荐系统所需的全部数据，包括用户的基本信息，如年龄、性别、地区、职业等；用户在线上平台浏览时产生的行为数据，如点击、购买、收藏；以及信息自身的属性数据，如商品的类别、音乐的流派、电影的类型等。

推荐算法部分为推荐系统的主体部分，推荐算法能够根据数据建立准确的用户画像，从而生成符合用户期望的推荐，提高用户使用信息系统的满意度和效率。

传统的推荐算法包括基于协同过滤、基于内容的方法；近年来，随着深度学习的发展，卷积神经网络、循环神经网络、图神经网络等各类神经网络模型在推荐算法中发挥主流作用，具体算法的选择要根据应用实际来进行决定。

推荐列表生成部分为根据推荐算法生成候选集中各项物品的分数，将其中分数排名靠前的 K 个物品组成推荐列表推荐给用户，使其符合用户的兴趣偏好，并期望用户与之进行交互，以实现提高用户线上使用体验和平台盈利的双赢结果。

性能评估部分是使用一些评估指标来衡量推荐系统的表现优劣。在会话型推荐领域常使用 Recall@K 和 MRR@K 来评估推荐模型的性能。

Recall@K 是衡量下一个点击的物品是否出现在推荐列表前 K 个位置的指标，计算方法如下：

$$\text{Recall@}K = \frac{n_{\text{hit}}}{N} \tag{2-1}$$

其中，N 表示所有测试会话的数量，n_{hit} 指示下一个点击物品出现在推荐列表前 K 个位置的会话数量。

MRR@K 是一个考虑目标物品在推荐列表中排名的指标。当推荐列表中前 K 个位置中未返回正确的推荐物品时，将其设置为 0；否则，计算方法如下：

$$\text{MRR@}K = \frac{1}{N}\sum v_{\text{correct}} \in S_{\text{test}} \frac{1}{\text{Rank}(v_{\text{correct}})} \tag{2-2}$$

其中，N 和v_{correct} 分别表示所有测试会话的数量和会话的目标物品。

2.3.1.2　会话型推荐任务

会话是指在一段时间内用户在线上平台交互的具体情况，并按照时间顺序排列形成的序列。比如，在一个小时内浏览的商品或者收看的短视频等。传统的推荐系统倾向于从用户长期历史行为中建模用户画像，进行用户可能感兴趣的信息推荐。然而，受限于用户隐私条款等因素，同时当前互联网碎片化、随机化等特征明显、用户兴趣明显受短期交互影响，传统推荐系统逐渐显现出在一些现实场景下的不适用。依托于短期交互的会话型推荐逐渐成为当前推荐系统领域的研究热点。

一般来说，用户的交互信息可以被分为显式反馈和隐式反馈两种。显式反馈是指能够明确体现用户喜恶的行为信息，比如购买某个商品或对某个视频选择不喜好标签进行屏蔽、在豆瓣对书影音进行评分、对于美团与饿了么上的订单进行评论等，其中，能表达出用户偏好的正向行为被称为正反馈，反之则被称为负反馈。隐式反馈则是指用户的行为数据并不能直接地表达对物品或信息的喜好或厌恶的行为，如用户在某一页面或商品的停留时间、在浏览过程中对商品进行的点击等行为，通常我们认为用户是因为对商品感兴趣才会进一步的交互，因此隐式反馈行为常被认为是正反馈行为。

针对会话型推荐的研究可根据任务的不同划分为三类，分别是下一个交互推荐、下一个部分会话推荐和下一个会话推荐。具体来说，下一个交互推荐是根据已知的部分当前会话信息，进行下一个交互信息的推荐，常见的相关研究有下一首歌曲或下一部电影、新闻推荐。下一个部分会话推荐同样是根据已知的当前会话信息，不同的是预测的是多个信息或者是补全当前会话。下一个会话推荐则是根据多个历史会话对下一个会话进行推荐，常见的有一篮子推荐和下一个捆绑推荐等。

本章所研究的会话型推荐任务为下一个交互推荐型，旨在为用户推荐在下一时刻可能发生交互的物品或信息，对该任务进行规范化描述：令 $V=\{v_1, v_2, \cdots, v_{|V|}\}$ 表示物品集合，它包含所有的物品。假定 $U=\{S_1, S_2, \cdots, S_{|U|}\}$ 表示所有的会话，其中 $|U|$ 指示会话的数量。$S_i=\{v_1, v_2, \cdots, v_t, \cdots, v_n\}$ 是会话集合 U 中的第 i 个会话，它包含 n 个按时间顺序排列的物品，其中 v_t 表示用户在会话 S_i 中在时间戳 t 时刻进行交互的物品。给定一个当前会话 S_i，首先生成用户偏好，并借助用户偏好来生成候选集中所有物品的预测分数。最后，分数排名最高的 K 个物品将组成推荐列表被推荐给用户。

本章所研究的会话型推荐任务可应用于诸多现实场景中，如电子商务平台将用户在一段时间内浏览过的商品作为会话，通过会话型推荐算法生成用户的兴趣偏好，从商品库中挑选预测分数较高的物品展现在“你可能感兴趣”页面。在豆瓣等书影音平台，将用户在某段时间内打分高于三颗星的书籍形成一个会话序列，结合书籍的类别等特征标签，根据算法建模用户的行为偏好，为用户推荐其可能喜欢的书籍。此外，会话型推荐已广泛应用在社交网络、在线医疗、视频流媒体等人们生活的方方面面。

2.3.2 图神经网络

推荐系统中的大部分数据都具有图结构，例如用户在线上交易平台的交互信息可以由用户和商品之间的二分图表示；用户在当前会话中交互的一系列物品可以转换成会话图，其中每个物品都可以与一个或多个后续项连接。除此之外，像社会关系图和知识图这种能够提供额外知识的信息也具有图结构。由于不同类型数据的特点不同，这给推荐系统带来了很大的挑战，但从图的角度来考虑这些信息，一个统一的图学习框架则可以很好地解决这些问题。目前在推荐系统中广泛使用的图神经网络模型主要有图卷积神经网络[48]、图自编码器[49]、门控图神经网络[50]和图注意力网络[51]等，本节将主要围绕在会话型推荐领域使用较多的门控图神经网络和图注意力网络这两类神经网络模型展开详细介绍。

2.3.2.1　门控图神经网络

门控图神经网络（gated graph neural network，GGNN）是一种利用门控机制进行信息传递的图神经网络。该网络借助门控神经单元的思想，设置门控机制来选择用于节点更新和丢弃的信息，以达到图学习的目的。

对于图来说，门控图神经网络首先构建节点间的邻接矩阵 A，由一个入度矩阵 M^{in} 和一个出度矩阵 M^{out} 组成，如图 2-3 所示。

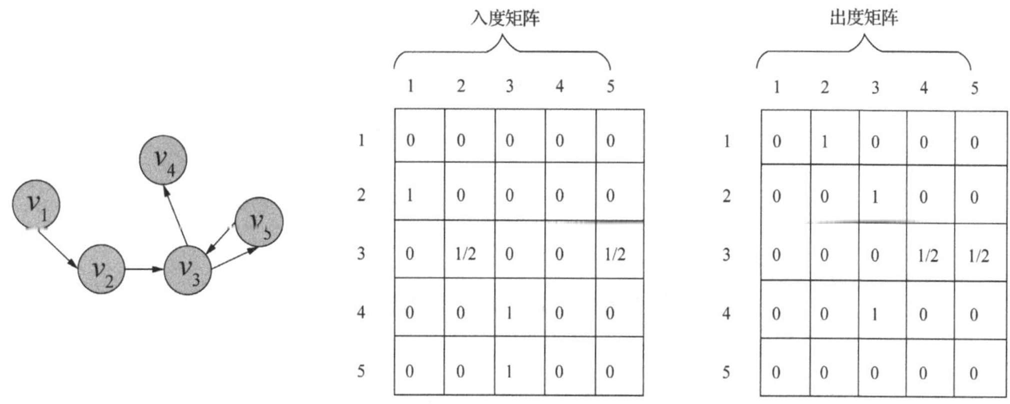

图 2-3　GGNN 中图的邻接矩阵构造示意图

在门控图神经网络的第 k 层中，节点从其邻居节点处获得的信息如下所示：

$$
\begin{aligned}
m_i^k = \mathrm{Concat}(&M_i^{\text{in}}[x_1^{k-1}, x_2^{k-1}, \cdots, x_m^{k-1}]W^I + n^I, \\
&M_i^{\text{out}}[x_1^{k-1}, x_2^{k-1}, \cdots, x_m^{k-1}]W^o + n^o)
\end{aligned}
\tag{2-3}
$$

其中，x_i^{k-1} 代表图中节点 v_i 在神经网络 $k-1$ 层的嵌入表示，M_i^{in} 和 M_i^{out} 分别表示入度矩阵 M^{in} 和出度矩阵 M^{out} 的第 i 行，意味着从节点 v_i 的邻居处获取多少信息量用来更新 v_i 的节点表示。W^o、W^I、n^o、n^I 均表示可学习的参数。

在获得邻居信息之后，使用门控循环单元结合在 $k-1$ 层节点 v_i 的嵌入表示

和第 k 层获取到的邻居信息以得到节点 v_i 在该层的表示，如下式所示：

$$x_i^k = \mathrm{GRU}(m_i^k,\ x_i^{k-1}) \tag{2-4}$$

至此，实现使用门控图神经网络在图中进行信息的传播和节点的表示学习。

2.3.2.2 图注意力网络

考虑到图 2-4 中每个邻居节点在节点更新过程中的贡献程度不同，为了更有效地进行信息传播，研究人员提出使用注意力机制来动态确定在信息传播过程中图中每个节点重要性贡献程度的图注意力网络（graph attention network，GAT）。该网络的核心为注意力系数和邻居信息的加权。

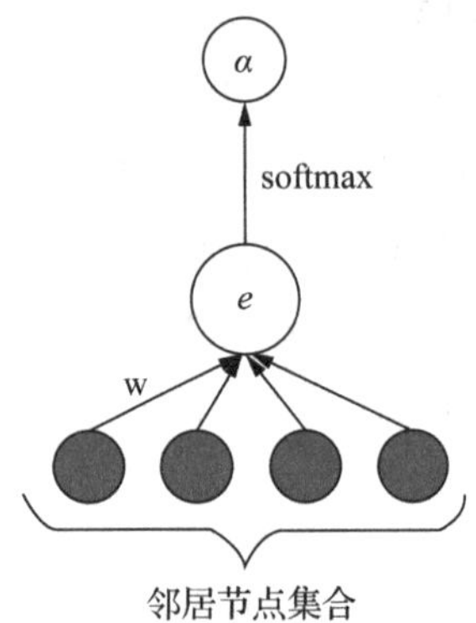

图 2-4 GAT 中注意力机制

在图注意力网络的第 k 层，节点 v_i 和 v_j 之间的重要性程度计算如下：

$$e_{ij} = \beta(W_1 x_i^{k-1};\ W_2 x_j^{k-1}) \tag{2-5}$$

其中，W_1、W_2 是可训练的参数，β 表示激活函数，x_i^{k-1}、x_j^{k-1} 分别表示节点 v_i 和 v_j 在第 $k-1$ 层学习到的表示。

注意力系数则可在此基础上使用 softmax 函数进行进一步归一化，表示为：

$$\alpha_{ij} = \mathrm{Softmax}(e_{ij}) = \frac{\exp(e_{ij})}{\sum_{n \in N(i)} \exp(e_{ij})} \tag{2-6}$$

在得到归一化的注意力系数后，可用来对节点 v_i 的邻居信息进行加权聚合以得到在 k 层上该节点的表示如下：

$$x_i^k = \sigma\left(\sum_{j \in N(v_i)} \alpha_{ij} W_3 x_j^{k-1}\right) \tag{2-7}$$

为了使图注意力网络的学习过程更加稳定，Vaswani 等人提出多头注意力机制[52]，即使用 k 个独立的注意力机制，使用该方法可将公式（2-7）替换为：

$$x_i^k = \|_n^N \sigma\left(\sum_{j \in N(v_i)} \alpha_{ij}^n W_n x_j^{k-1}\right) \tag{2-8}$$

其中，‖ 表示拼接操作。

2.3.3　自监督学习

本节将主要介绍推荐系统涉及的自监督学习相关知识。我们首先定义自监督推荐，自监督推荐的基本步骤可如图 2-5 所示。

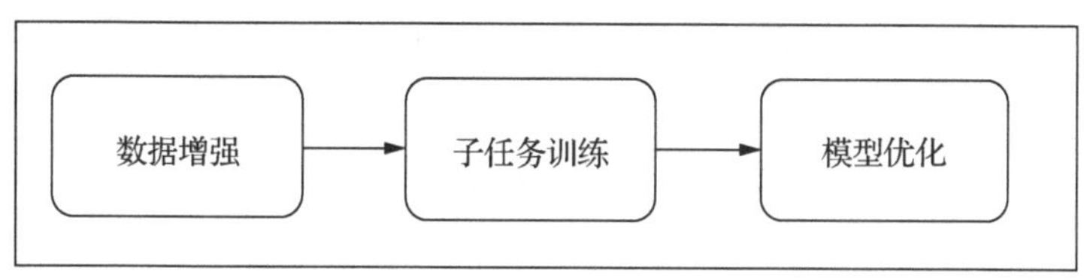

图 2-5　自监督推荐流程框架

①通过半自动化方式利用原始数据本身进行数据增强获得更多监督信号；

②借助一个子任务来训练或者预训练数据增强后的推荐任务；

③将推荐任务作为主要任务，子任务发挥次要作用进行模型优化以增强推荐系统性能。

基于上述步骤，自监督推荐任务可以被表述为：

$$f_{\theta^*},\ g_{\theta^*},\ H^* = \underset{f_\theta,\ g_\theta,}{\operatorname{argmin}} L(g_\theta(f_\theta(D,\ \widetilde{D}))) \tag{2-9}$$

其中，D 表示原始数据，$\widetilde{D}$ 指满足 $\widetilde{D} \sim T(D)$ 进行数据增强后的增广数据，$T(\cdot)$ 表示数据增强模块，L 为总损失函数，可以被分解为推荐模块的损失 L_{rec} 和自监督子任务的损失 L_{ssl}。通过最小化总损失，可以学习最佳信息表示以增强推荐模型性能并生成更高质量的推荐结果。下面我们将从数据增强以及自监督子任务两部分来详细介绍推荐系统领域的自监督学习相关知识。

2.3.3.1　数据增强

已有的自监督推荐相关研究已证明，数据增强在提高自监督学习质量和泛化能力方面起着关键性的作用[53]。目前在推荐系统中自监督学习常用的数据增强方法，可根据其特点划分为三类：基于序列、基于图和基于特征。本节主要对使用频率较高的基于序列和基于图的数据增强方法进行介绍。

2.3.3.1.1　基于序列的数据增强

给定一系列物品集合，即会话 $S = [i_1,\ i_2,\ \cdots,\ i_k]$，这是用户历史行为中交互的物品集合，下面介绍常见的基于序列的增强方法，如图 2-6 所示。

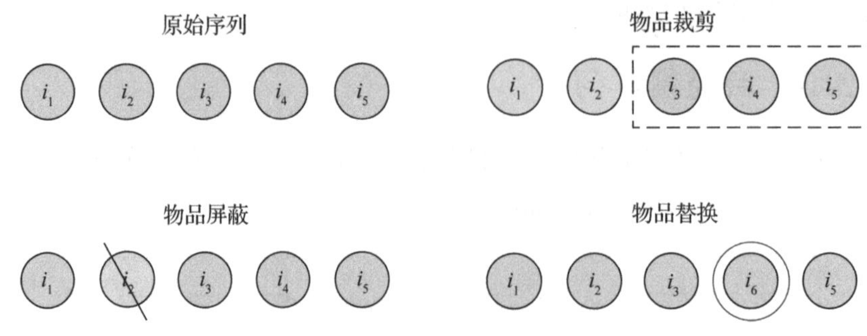

图 2-6 基于序列的数据增强

(1) 物品屏蔽

物品屏蔽，也被称为物品丢失，即随机屏蔽部分物品将其替换为特殊标记[mask]。其基于的原理是用户的意图在一段时间内是相对稳定的，即使部分物品被屏蔽，但其主要意图信息仍可从剩余的物品中获取。增强策略可被表述为：

$$\widetilde{S}=T_{\text{masking}}(S)=[\tilde{i}_1,\ \tilde{i}_2,\ \cdots,\ \tilde{i}_k],\ \tilde{i}_t=\begin{cases}i_t, & t\notin M\\ [\text{mask}], & t\in M\end{cases} \tag{2-10}$$

其中，M 为屏蔽集合。

(2) 物品裁剪

给定用户的历史交互序列，即 S，随机从中选取一个长度为 $L_c=[\alpha * |S|]$ 的连续子序列，其中 α 的大小范围为 (0，1)，是调节序列长度的系数。基于物品裁剪的增强可被规范化表示为：

$$\widetilde{S}=T_{\text{cropping}}(S)=[\tilde{i}_c,\ \tilde{i}_{c+1},\ \cdots,\ \tilde{i}_{c+L_{c+1}}] \tag{2-11}$$

(3) 物品替换

由于物品裁剪或屏蔽存在增大短序列数据稀疏问题的风险，Liu 等人提出选用具有高度相似性的物品来替换原来序列中的物品的增强方法[54]，该方法可以减少对原始序列信息的破坏。给定 A 表示随机选取的将要被替换的索引，物品替换增强方法可被归纳为：

$$\widetilde{S}=T_{\text{substitution}}(S)=[\tilde{i}_1\tilde{i}_2,\ \cdots,\ \tilde{i}_k] \tag{2-12}$$

会话序列中的任何一个物品 $\tilde{i}_t$ 表示如下：

$$\tilde{i}_t=\begin{cases}i_t, & t\notin A\\ i_t\text{ 的相似物品}, & t\in A\end{cases} \tag{2-13}$$

其中，i_t 的相似物品是根据物品共现或者是学习到的表示的相似性来判断的。

2.3.3.1.2 基于图的数据增强

给定具有邻接矩阵 A 的图 $G=\{V,\ \varepsilon\}$，在会话型推荐领域中，这里图可以是用户—物品图、用户—用户图、物品—属性图等。本节介绍常见的基于图的数据增强方法，如图 2-7 所示。

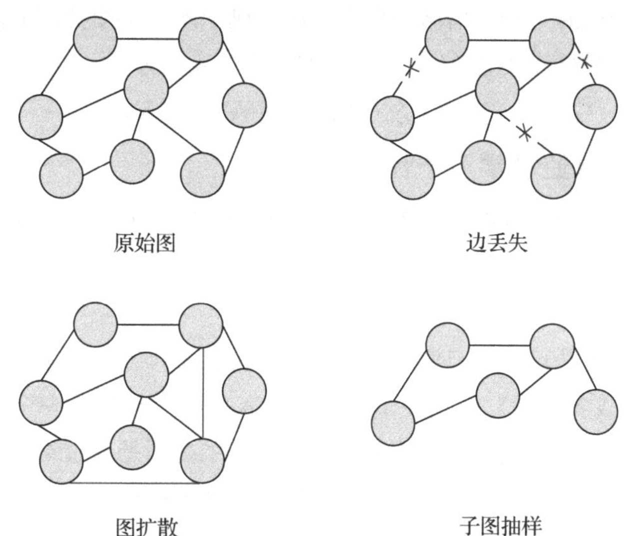

图 2-7　基于图的数据增强

(1) 边丢失

每条边有 β 的概率从图中移除，背后的原理是图中只有部分连接有助于节点表示，丢弃冗余的连接可以在嘈杂的交互中表现出更具鲁棒性，这种边丢失的方法可以被表述为：

$$\widetilde{G}, \widetilde{A} = T_{G\text{-dropout}}(G) = (V, m \odot \varepsilon) \tag{2-14}$$

其中，$m \in (0, 1)^{|\varepsilon|}$ 是由伯努利分布生成的边集上的屏蔽向量。

(2) 图扩散

与边丢失的策略相反，基于图扩散的数据增强方法将边添加到图中以创建新的视图。Yang 等人认为缺失的用户行为可能会包含一些未知的积极行为[55]，这些可以用加权的用户—物品边表示。因此，通过计算用户偏好和物品表示的相似度来挖掘可能存在的边，并选择具有 Top-K 相似度的边进行添加，该方法可以被表示为：

$$\widetilde{G}, \widetilde{A} = T_{G\text{-diffusion}}(G) = (V, \varepsilon + \tilde{\varepsilon}) \tag{2-15}$$

（3）子图抽样

对图中的部分节点和边进行采样以形成能够反映局部连通性的子图，可以采用元路径引导随机游走和自网络采样等方法形成子图。子图抽样的基本思想类似于边丢失，给定采样点集合 N ，该增广方法可以表述为：

$$\widetilde{G},\ \widetilde{A}=T_{G\text{-sampling}}(G)=(S\in V,\ A[N,\ N]) \tag{2-16}$$

2.3.3.2 自监督学习子任务

子任务是自监督推荐的关键组成部分。根据子任务的特点，我们将现有的自监督推荐模型分为四类：对比模型、生成模型、预测模型和混合模型。

（1）对比模型

当前，对比方法已成为自监督推荐中的主流。对比方法的思路是把每个实例（如用户、物品或者会话）看作一个类，在嵌入空间中拉近同一个实例中的视图之间的距离，并将不同实例的视图差距变大，其中视图是通过对原始数据施加不同的转换形成的。一般情况下，同一实例的两个视图被认为是正样本，不同实例的视图被认为是彼此的负样本。通过最大化正样本之间的一致性，并同时最小化负样本之间的一致性，可得到用于推荐的表示。

形式上，可以将对比学习规范化表示如下：

$$f_{\theta}^{*}=\underset{f_{\theta},\ g_{\varphi_S}}{\operatorname{argmin}}L_{\text{ssl}}(g_{\varphi_S}(f_{\theta}(\widetilde{D}_1),\ f_{\theta}(\widetilde{D}_2))) \tag{2-17}$$

其中，$\widetilde{D}_{(1)}\sim T(D)_{(1)}$ 和 $\widetilde{D}_{(2)}\sim T(D)_{(2)}$ 是两个不同的增强视图，$T_1(\cdot)$ 和 $T_2(\cdot)$ 是数据增强运算，如子图抽样或物品替换，整体流程可如图 2-8 表示。

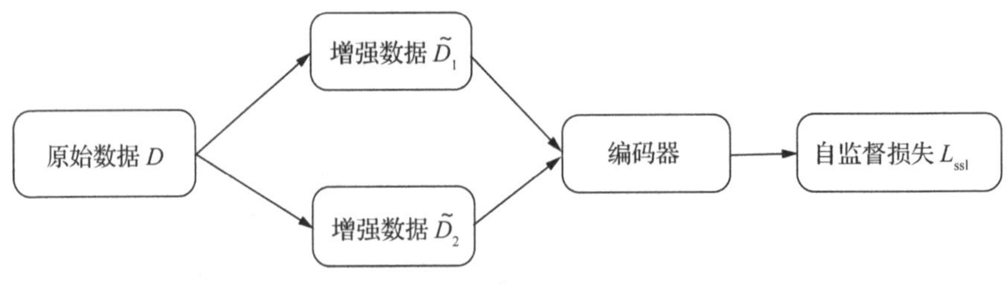

图 2-8　对比式自监督推荐

（2）生成模型

受到 Devlin 等人提出的掩码语言模型[56] 的思想启发，生成模型的原理是用损坏的数据重建原始用户或物品信息。换句话说，生成模型是根据原始数据预测部分可用数据。其中，最常见的任务是结构重建（例如，预测被屏蔽的物品）和特征重建。在这些情况下，生成任务可以被形式化表述为：

$$f_{\theta}^{*}=\underset{f_{\theta},\ g_{\varphi_S}}{\operatorname{argmin}} L_{ssl}(g_{\varphi_S}(f_{\theta}(\widetilde{D})),\ D) \tag{2-18}$$

其中，$\widetilde{D}\sim T(D)$ 表示对原始数据进行相应的损坏。对于大多数生成式自监督推荐方法，目标损失通常选用交叉熵损失或均方误差，后者用于估计屏蔽项或数值特征的概率分布。

（3）预测模型

预测方法虽然和生成方法一样都具有预测的功能，但在生成方法中，目标是预测原本存在的缺失部分，可以看作是自我预测，而预测方法是从原始数据中预测新的标签和样本，用以指导子任务。现有的预测方法主要有基于样本和基于伪标签两类，前者侧重于根据编码器的当前参数等数据预测信息样本，并将这些样本再次馈送到编码器，以生成具有更高置信度的新样本。基于伪标签的方法则是通过生成器生成标签，该生成器可以是另一个编码器，也可以是基于规则的选择器，并将生成的标签用作指导编码器。基于伪标签的方法可以表示为：

$$f_{\theta}^{*}=\underset{f_{\theta},\ g_{\varphi_S}}{\operatorname{argmin}} L_{\mathrm{ssl}}(g_{\varphi_S}(f_{\theta}(D)),\ \widetilde{D}) \tag{2-19}$$

其中，$\widetilde{D}\sim T(D)$ 表示生成的标签，L_{ssl} 优化常使用交叉熵损失或者是均方误差。前者将预测概率与标签对齐，后者衡量 g_{φ_S} 输出与标签之间的差异，分别对应着分类问题和回归问题。

（4）混合模型

上述对比、生成、预测子任务都有其自身的优势，可以根据自身特点利用不同类别的自监督信号。获取全面的自监督信号的一种常用方式是组合不同的子任务并将它们集成到一个推荐主任务中。不同的子任务在不同的任务场景下合作方式不同，要么互相独立，要么协同工作以加强自监督信号；子任务的组合通常表示为上述类别中不同子任务自监督损失的加权和。

2.4 模型框架

在本节对基于全局关联关系的自监督图学习（SGL-TM）会话型推荐方法进行详细的介绍。具体来说，首先在 2.4.1 节中对模型的总体框架以及工作流程进行说明。之后，对模型中的三个组成模块分别进行描述，即用户偏好生成、自监督学习以及模型优化。

2.4.1 总体框架

图 2-9 展示了本研究提出的用于会话型推荐的基于全局关联关系的自监督图学习（SGL-TM）模型的框架。给定当前会话，首先通过图注意力网络的信息传播来学习信息嵌入表示，之后根据信息表示获取用户在会话中的长期和当前兴趣，并将它们结合起来生成最终的会话表示。同时，构建一个全局图来揭示不同会话中信息之间的全局关联关系。然后，一方面，从信息之间的全局级连接中获取自监督信号计算自监督损失以增强信息表示学习。另一方面，通过设计的目标自适应屏蔽模块对候选集物品进行调整，根据更新后的候选集计算交叉熵损失作为主监督损失。最后，将主监督损失和自监督损失结合起来，生成模型的最终损失以进行模型优化。接下来，对模型的三个主要组成模块进行详细介绍，并在表 2-1 中展示本章出现的符号及相应描述。

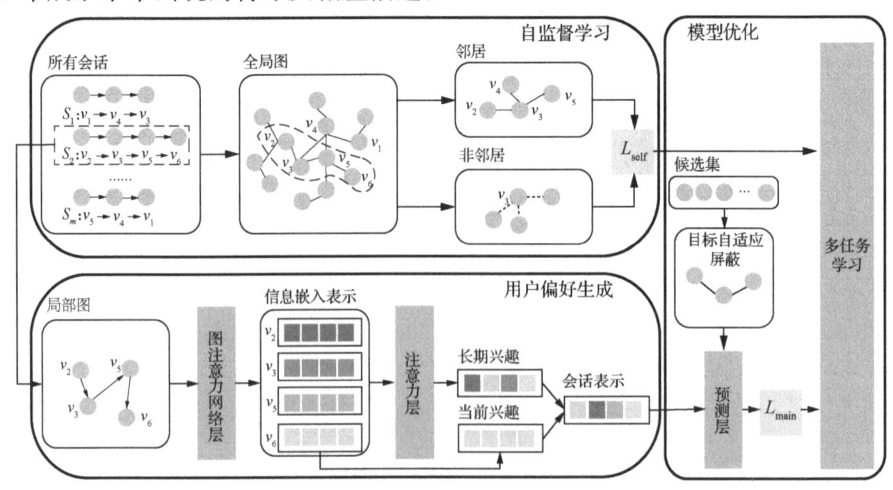

图 2-9 基于全局关联关系的自监督图学习（SGL-TM）会话型推荐方法的流程框架

表 2-1 SGL-TM 模型中涉及的主要符号说明

符号	描述
S_i	正在进行的某个会话
v_i	会话中的物品 v_i 初始嵌入表示
$\widetilde{G}_i=\{\widehat{V}_i, \tilde{\varepsilon}_i\}$	会话 S_i 转换成的局部图
z_i	当前会话中物品 v_i 通过图神经网络学习到的表示
u_c	用户在此会话中的当前兴趣
u_l	用户在此会话中的长期兴趣
u	当前会话表示
$\widetilde{G}=\{\widehat{V}, \tilde{\varepsilon}\}$	表示物品全局连接的全局图
L_{self}	使用 JS 散度计算得到的自监督损失
L_{main}	使用交叉熵损失计算得到的主监督损失

2.4.2 用户偏好生成

本节包含两部分，分别是信息表示生成和会话表示生成，当前会话的表示可看作用户在此会话上的偏好。

2.4.2.1 信息表示生成

给定一个正在进行的会话 S_i，首先构建一个双向的局部图来反映会话 S_i 中物品之间的转换模式。具体来说，会话 S_i 被表示为$\widetilde{G}_i=\{\widehat{V}_i, \tilde{\varepsilon}_i\}$，其中 $\widehat{V}_i$ 和$\tilde{\varepsilon}_i$ 分别表示局部图中的点集合和边集合。这里，$\widehat{V}_i=\{x_1, x_2, \cdots, x_m\}$ 包含会话 S_i 中所有独一无二的物品，其中 $m \leqslant n$ 是因为在会话中物品有可能被重复交互。每条边 $e_{ij} \in \tilde{\varepsilon}_i$ 指示着用户在该会话中和 x_j 发生交互之前就已经和 x_i 进行了交互。

在构建了局部图 $\widetilde{G}_i$ 后，在 $\widetilde{G}_i$ 上进行信息传播以学习信息表示。这里采用图注意力网络进行学习，是因为考虑到与门控图神经网络和图卷积网络相比，图注意力网络可以动态确定局部图中每个节点和其不同邻居节点之间的重要性。具体来说，首先初始化 $\widetilde{G}_i$ 中每个节点 x_i 的初始嵌入向量 x_i，如下表示：

$$x_i^0=\text{Embedding}(x_i) \tag{2-20}$$

其中，Embedding 表示嵌入层，$x_i^0 \in \mathbb{R}^d$ 指代 x_i 的初始化嵌入表示，d 意味着嵌入表示的维度。为了获得当前正在进行的会话中物品之间的成对转换关系，采用图注意力网络为每个节点传播其邻居信息以进行节点表示学习。具体来说，对于第 l 层的每个节点 x_i，不同邻居节点的重要性程度通过使用注意力机制来确定，其中节点 x_i 和 x_j 之间的重要性程度由注意力系数表示，计算如下：

$$e_{ij}=\sigma(W_0^T[W_1x_i^{l-1};W_2x_j^{l-1}]) \tag{2-21}$$

其中，$W_1\in\mathbb{R}^{2d}$，W_1，$W_2\in\mathbb{R}^{d\times d}$ 表示训练参数，[；] 指代连接操作，σ 表示 LeakyRelu 激活函数。

接下来，通过使用 softmax 层对注意力系数进行归一化：

$$\sigma_{ij}=\mathrm{Softmax}(e_{ij})=\frac{\exp(e_{ij})}{\sum_{k\in \mathrm{N}(v_i)}\exp(e_{ij})} \tag{2-22}$$

其中，$\mathrm{N}(v_i)$ 意味着在局部图 $\widetilde{G_i}$ 中 v_i 的邻居节点集合。

最后，对相应的邻居信息进行线性组合，使用注意力系数更新 v_i 的节点向量：

$$x_i^l=\sigma(\sum_{j\in \mathrm{N}(v_i)}\alpha_{ij}W_3x_j^{l-1}) \tag{2-23}$$

其中，σ 和 $W_3\in\mathbb{R}^{d\times d}$ 分别表示 sigmoid 函数和可学习的参数。

在多层图注意力网络上进行信息传播和节点表示学习之后，获得了局部图 $\widetilde{G_i}$ 上的物品表示 x_i。之后，将会话序列从局部图中进行恢复，以获得当前会话中按时间顺序排列的物品表示，形式为 $\{z_1, z_2, \cdots, z_n\}$。

2.4.2.2 会话表示生成

在通过图神经网络学习到当前会话中的物品表示之后，参考之前的研究工作[11]，同时考虑用户在当前会话中的长期和当前兴趣，以生成最终的会话表示作为用户偏好。

由于普遍认为会话中最后交互的物品可以反映用户当前的兴趣[57]，因此直接使用当前会话中最后一个信息的嵌入表示作为用户在此会话中的当前兴趣 $u_c\in\mathbb{R}^d$，即 $u_c=z_n$。此外，用户的长期兴趣通过使用注意力机制聚合信息表示获得：

$$u_l=\sum_{i=1}^{n}\gamma_i z_i \tag{2-24}$$

$$\gamma_i=\mathrm{Softmax}(\beta_i)$$

$$\beta_i=W_4\sigma(W_5z_i+W_6u_c)$$

其中，u_l 和 σ 分别表示用户的长期兴趣和 sigmoid 函数；$W_4\in\mathbb{R}^d$ 和 W_5，$W_6\in\mathbb{R}^{d\times d}$ 代表可训练参数。

最终，通过结合用户的长期和当前兴趣来获得当前会话的表示，即用户在此

会话上的偏好，即

$$u = W_7 [u_l ; u_c] \tag{2-25}$$

其中，[；] 表示结合操作，$W_7 \in \mathbb{R}^{d \times d}$ 表示可学习的参数。

2.4.3　自监督学习

现有的会话型推荐方法通常忽略图神经网络的过度平滑问题，这会导致学习到的信息表示存在显著相似性、无法被准确地区分。因此，在本节中，采用自监督学习从物品—物品的角度来挖掘不同会话中信息全局关联关系中的自监督信号，以增强信息表示学习并用来缓解过度平滑问题，具体包含全局图构建和自监督组件两部分。

2.4.3.1　全局图构建

为了获得跨不同会话的信息之间的成对转换关系，构建一个全局会话图，考虑从信息之间的全局关联关系中生成自监督信号。假定 $\tilde{G} = \{\tilde{V}, \tilde{\varepsilon}\}$ 表示包含物品全局连接的全局图，其中 $\tilde{V}$ 表示所有会话中独一无二的物品，$\tilde{\varepsilon}$ 表示训练集中的所有物品之间的转换。每条边 $e_{ij} \in \tilde{\varepsilon}$ 表示物品 v_i 和 v_j 在某一会话中被用户相邻交互。

此外，对于热门商品来说，可能存在着大量的邻居商品。在这里，为了避免意外点击造成的误差，采用最大采样来选择 M 个最相关的物品作为全局图中每个节点的最终邻居，其中相关性由边权重决定，表示两个节点之间的相似程度。通过最大采样，过滤掉节点之间的松散连接，以确保最终的邻居与目标节点高度相关。

2.4.3.2　自监督组件

在构建全局图后，可以通过不同会话中的信息之间的全局关联连接来获得自监督信号。具体来说，随机给定某一个会话中的一个信息 v_i，它在全局图中的邻居可以被表示为 N_{v_i}。对于 v_i，它通过图神经网络学习到的嵌入表示比起非邻居节点 $\bar{v}_i \in V \setminus V_{Ni}$ 来说，应该与其邻居节点 $v_j \in N_{v_i}$ 更相似。基于这一直觉，采用 JS 散度（Jensen-Shannon divergence，JS）[33] 作为对比损失，其目的是最小化 v_i 与其邻居 N_{v_i} 的距离，同时最大化 v_i 与其未连接节点（即非邻居节点）$V \setminus N_{v_i}$ 之间的距离。自监督损失可以被表示如下：

$$L_{\text{self}} = \frac{1}{T} \sum_{j=1}^{T} (-\log\sigma(f(z_i, v_j)) - \log(1 - \sigma(f(z_i, \bar{v}_j))) \tag{2-26}$$

其中，z_i 是v_i 通过图神经网络学习到的信息表示，v_j 和$\bar{v}_j$ 是嵌入层生成的节

点 $v_i \in N_{v_i}$ 和 $\overline{v_j} \in V \setminus N_{v_i}$ 的嵌入表示。此外，T 表示 v_i 的邻居和非邻居数量，分别是从全局图中的邻居集合 N_{v_i} 中最大采样和从未连接物品集合 $V \setminus N_{v_i}$ 中随机采样获得的。

除此之外，f 是一个线性映射函数，计算如下：

$$f(z_i, v_j) = z_i^T v_j \tag{2-27}$$

f：$\mathbb{R}^d \times \mathbb{R}^d \rightarrow \mathbb{R}$ 是相似度计算函数，它利用两个物品的嵌入表示作为输入，然后对它们之间的相似性进行评分。

通过本节构建的自监督学习部分，当前会话中的每个物品都可以通过对比学习从全局图上的邻居物品中获取信息，这些信息可以作为辅助来增强物品表示学习，以解决当前会话中使用图注意力网络引起的过度平滑问题。

2.4.4 模型优化

本节包含目标自适应屏蔽和多任务学习两部分。

2.4.4.1 目标自适应屏蔽

在获得会话表示 u 之后，可以通过将 u 与候选物品的嵌入表示相乘来生成每个候选物品的最终被推荐概率，如下所示：

$$\widehat{y}_j = \text{Softmax}(u^T v_i), \ \forall i = 1, 2, \cdots, |V| \tag{2-28}$$

其中，$\widehat{y}_j$ 表示物品 v_i 成为下一个被推荐给用户的物品的概率，v_i 表示候选物品的初始嵌入表示。

此外，由于直接采用带有 Softmax 层的交叉熵损失会导致模型产生过拟合问题，即和未连接的物品一样，目标物品的邻居节点的分数在训练过程中不断下降，这与图中相连接的节点是相似的这一理论常识相违背。因此，设计一个目标自适应屏蔽组件。具体来说，给定一个全局图 $\widetilde{G_g} = \{\tilde{V}_g, \tilde{\varepsilon}_g\}$，对于目标物品 v_{target}，首先对全局图中具有 N 个最大边权重的邻居进行采样作为 v_{target} 的最终邻居，其被表示为 $N_{v_{\text{target}}}$。然后根据目标物品的全局关联关系将原始候选集 V 中采样的 N 个物品进行屏蔽后更新为新的候选集，如下表示：

$$V_{\text{Update}} = V \setminus N_{v_{\text{target}}} \tag{2-29}$$

其中，“ \ ”表示集合减法运算。

最终，我们对更新后的候选集使用交叉熵函数计算得到推荐模型的主监督损失，如下所示：

$$L_{\text{main}} = -\sum_{i=1}^{V_{\text{Update}}} y_i \log(\widehat{y}_j) + (1 - \widehat{y}_j)\log(1 - \widehat{y}_j) \tag{2-30}$$

其中，y_i表示真值物品的独热编码表示。

通过设计的使用目标物品全局关联关系的目标自适应屏蔽模块，在训练过程中目标项的邻居节点分数不会被降低，从而在一定程度上缓解了模型的过拟合问题。

2.4.4.2　多任务学习

在通过公式（2-30）生成主监督损失和公式（2-26）生成辅助的自监督损失后，结合主监督和自监督得到总损失如下：

$$L = L_{\text{main}} + \lambda L_{\text{self}} \tag{2-31}$$

其中，λ 表示控制自监督学习幅度的权衡参数。

最后，使用反向传播算法进行模型优化以更新信息表示并学习可训练参数。

在算法 2.1 中详细介绍了 SGL-TM 模型的训练过程。对于训练集中的所有会话，首先在步骤 1 中构造一个全局图来表示不同会话中的物品的全局连接。之后在步骤 4 和 5 中生成当前会话中的物品嵌入表示，即局部图的构建和使用图注意力网络进行信息传播。在步骤 6 中生成正在进行的会话的当前兴趣，在步骤 7 中生成当前会话的长期兴趣，并将它们组合起来以获得步骤 8 中的会话表示。在步骤 9 中对 v_i 的邻居进行最大采样，对非邻居进行随机采样，并根据它们的嵌入表示计算相似度，从而在步骤 10 中使用 JS 散度计算生成自监督损失。在步骤 11 中计算预测分数，在步骤 12 中对候选集物品进行目标自适应屏蔽，在步骤 13 中通过交叉熵损失得到推荐模型的主监督损失。最后，得到模型总损失，并使用反向传播算法对模型进行优化。

算法 2.1　SGL-TM 的训练过程

Input：会话集合 $U=\{S_1, S_2, \cdots, S_{\lvert U\rvert}\}$；
Epochs：训练迭代次数；
λ：权衡参数；
Output：　I：V 中的物品嵌入表示；
ψ：SGL-TM 模型中的可训练参数；
1：$\tilde{\mathcal{G}}=\{\tilde{\mathcal{V}}, \tilde{\varepsilon}\} \leftarrow$ 全局图构建（U）
2：**for** epoch in range（Epochs）do
3：**for** S_i in U do

续表

$\widetilde{G} = \{\widetilde{V}, \widetilde{\varepsilon}\}$ ← 局部图构建（S_i）；
z_i = 信息传播（v_i）基于公式（2-20）（2-21）（2-22）（2-23）；
u_c = 当前兴趣（z_n）；
u_l = 长期兴趣（z_i）基于公式（2-24）；
u=会话表示（u_c，u_l）基于公式（2-25）；
N_{vi}，$V \setminus N_{vi}$=Sample（$\widehat{G}$）；
L_{self} = JSD（z_i，v_j，v_k）基于公式（2-26）和（2-27）；
$\widehat{y}_i$ = 预测（u，v_i）基于公式（2-28）；
V_{Update} = 全局关系屏蔽（V，$N_{vtarget}$）基于公式（2-29）；
L_{main} = 交叉熵损失（$\widehat{y}_i$）基于公式（2-30）；
模型总优化损失：$L = L_{main} + \lambda L_{self}$；
end for
使用反向传播算法优化模型可训练参数；
end for
return I 和 ψ。

2.5 实验设计

在本节中将从研究问题、数据集、基准模型和实验设置四个部分出发对SGL-TM模型的整体实验设计进行全面的介绍。

2.5.1 研究问题

探究以下五个研究问题来指导实验，验证本研究提出的SGL-TM模型在会话型推荐上的有效性：

研究问题1：本研究提出的SGL-TM模型能否在真实数据集上的表现优于目前最先进的基准模型？

研究问题2：模型中的自监督学习和目标自适应屏蔽模块对SGL-TM性能的贡献有多大？

研究问题 3：在不同程度的自监督学习辅助下 SGL-TM 模型的性能会出现怎样的变化？

研究问题 4：SGL-TM 在不同的会话长度下和竞争基准模型（SR-GNN、GCE-GNN 和 S^2-DHCN）相比表现如何？

研究问题 5：重要的超参数（即邻居和非邻居对的数量以及屏蔽的邻居数量）对 SGL-TM 的性能有何影响？

2.5.2　数据集

应用两个在会话型推荐研究中广泛使用的真实世界数据集 Gowalla 和 Diginetica 来进行实验。

• Gowalla 是一个签到数据集，它包含用户在 2009 年 2 月至 2010 年 10 月期间签到时共享的位置信息。参考之前的研究工作，保留了 30000 个最受欢迎的位置信息。

• Diginetica 数据集由 CIKM Cup 2016 竞赛发布，它包含电子商务网站收集到的用户的行为信息，从其中选择适合会话型推荐的交易数据。

此外，参考相关研究[24]，在两个数据集中删除出现次数少于 5 次的物品和序列长度小于 2 的会话。预处理后的两个数据集的详细统计信息如表 2-2 所示。

表 2-2　Gowalla 和 Diginetica 数据集统计信息

统计信息	Gowalla	Diginetica
#点击	1122788	981620
#会话	830893	777029
#物品	29510	42956
平均会话长度	3.85	4.80
每个物品的平均点击次数	38.05	22.85

2.5.3　基准模型

将 SGL-TM 模型与以下具有代表性的基准模型在 Gowalla 和 Diginetica 数据集上进行比较：

• FPMC[10] 是一种基于个性化马尔可夫链的复合方法，用于捕获相邻物品之间的顺序模式。

• NARM[12] 使用循环神经网络和注意力机制对会话中的顺序序列进行建

模以捕获用户的主要意图。

• NextItNet[21] 采用卷积神经网络从物品依赖关系中学习高级表示来对会话序列进行建模。

• FGNN[34] 运用 Readout 函数和加权注意力图层来进行会话和物品的表示学习。

• SR-GNN[31] 将每个会话转换为图并使用门控图神经网络进行图学习以生成物品表示。

• GCE-GNN[13] 建模物品之间的全局级别和局部级别的成对转换关系以获得用户的偏好表示。

• S^2-DHCN[57] 引入两个超图来建模物品之间的高阶关联关系，采用自监督学习来增强物品表示学习。

2.5.4 实验设置

将 Gowalla 和 Diginetica 数据集中的数据都划分形成训练集和测试集，分别用于训练和评估。对于 Gowalla 数据集来说，使用上周发生的会话进行测试。对于 Diginetica 数据集，最近发生的 20%的会话被设置为测试集。

参考之前的研究工作[36]，对两个数据集都使用了数据增强策略以增加训练会话序列数量。使用 Adam[58] 作为优化器来训练模型。设置物品嵌入表示的维度和批量大小分别为 128 和 512。此外，学习率初始化为 0.001，每三个 epoch 衰减 0.5。推荐列表的大小 K 被设置为 20 以进行模型性能评估。利用网格搜索分别在 {0，0.1，0.25} 和 {1，2，3} 中调整 dropout 和层数来找到 SGL-TM 在两个数据集上的最佳性能。类似地，采用网格搜索来确定自监督学习模块中的邻居和非邻居对的数量（即 M）以及目标自适应屏蔽组件(即 N）中屏蔽的邻居数量，设置 M 和 N 的搜索范围都为 {1，2，3，4}。

2.6 实验结果与讨论

在本节中，通过五个相关实验探究基于全局关联关系的自监督图学习（SGL-TM）模型的性能。具体来说，对比 SGL-TM 与基准模型在 Gowalla 和 Diginetica 数据集上的表现，进行消融实验验证自监督学习和目标自适应屏蔽模块的效果，并探讨模型在不同自监督程度、不同会话长度以及不同超参数大小下的表现。

2.6.1　综合性能

在两个数据集上将 SGL-TM 与最先进的推荐基准模型在 Recall@20 和 MRR@20 评估指标方面进行比较，实验结果展现在表 2-3 中，均为综合多次实验获得，其中每列中表现最佳的模型和最佳基准模型的结果分别以加粗和下划线表示。Δ 表示 SGL-TM 相对于应用配对 t 检验的最佳基准模型的统计显著性（$p<0.01$）。

表 2-3　SGL-TM 与基准模型的性能比较

数据集	Gowalla		Diginetica	
	Recall@20	MRR@20	Recall@20	MRR@20
FPMC	29.91	11.45	28.50	7.67
NextItNet	45.15	21.26	45.41	5.19
NARM	50.07	23.92	49.80	16.57
FGNN	50.06	24.12	50.03	17.01
SR-GNN	50.32	<u>24.25</u>	50.81	17.31
GCE-GNN	51.51	23.52	51.66	17.53
S^2-DHCN	<u>51.96</u>	23.47	<u>52.58</u>	<u>17.91</u>
SGL-TM	**52.26**$^{\triangle}$	**25.29**$^{\triangle}$	**53.02**$^{\triangle}$	**18.38**$^{\triangle}$

我们可以从表中观察到以下结果：首先，与神经网络模型相比，基于马尔可夫链的 FPMC 等传统推荐方法完全失去了优势。这是因为基于马尔可夫链的方法更关注相邻物品之间的成对顺序转换模式，而忽略整个会话中的其他顺序信息。此外，很明显的是，NARM 在两个数据集上表现出的模型性能都优于 NextItNet，这是因为会话型推荐中的会话序列通常在短时间内生成并按照时间顺序排列，因此具有时间依赖性。与 NextItNet 中使用的卷积神经网络相比，NARM 中应用的循环神经网络更擅长对此类时间相关序列进行建模。此外，在基准模型中，基于图神经网络的方法实现了最佳性能，这表明图神经网络可以精确地模拟会话中物品之间的成对转换模式。另外，GCE-GNN 和 S^2-DHCN 在两个数据集上的大多数情况下都优于 SR-GNN，这证明同时捕获局部和全局级别的

物品关联关系可以帮助用户做出更准确的预测。然而，GCE-GNN 和 S^2-DHCN 在 Gowalla 数据集上的 MRR@20 方面的表现却输给了 SR-GNN，这可能是其他会话中不相关物品的干扰导致它们无法准确识别用户意图的结果。

总的来说，本研究提出的基于全局关联关系的自监督图学习（SGL-TM）方法在两个数据集上的 Recall@20 和 MRR@20 评估指标方面都优于竞争基准模型，这揭示了它对会话型推荐任务的有效性。原因可归纳如下：自监督学习模块可以通过信息的全局关联关系利用来自其他会话中的丰富信息，这在一定程度上缓解了图神经网络造成的过度平滑问题，从而帮助模型生成更准确的信息表示。此外，目标自适应屏蔽模块可以有效避免在训练过程中与目标物品相邻的节点的分数以与其他不相关物品分数一样的方式下降导致的过拟合问题。另外，SGL-TM 在 Gowalla 上的 Recall@20 和 MRR@20 方面分别比最佳基准模型 SR-GNN 和 S^2-DHCN 提高了 0.58％和 4.11％；而相应的改进在 Diginetica 数据集上分别为 0.83％和 2.56％。可以发现，本研究提出的 SGL-TM 模型在 MRR@20 指标上的改进率在两个数据集上表现得都比在 Recall@20 方面更明显，这表明与正确命中推荐列表中的目标物品相比，SGL-TM 模型可以更有效地将其排列在正确的位置。

2.6.2 消融实验

在本节中，设计了 SGL-TM 模型的三个变体，即 Base、Base-TM 和 Base-SSL，通过在 Gowalla 和 Diginetica 数据集上比较 SGL-TM 模型及其变体的性能来探索每个组件在模型中的贡献。具体来说，变体 Base 仅采用图注意力网络对会话序列进行建模，既没有使用自监督学习，也没有目标自适应屏蔽模块。Base-TM 和 Base-SSL 分别从 SGL-TM 模型中去除了自监督学习模块和目标自适应屏蔽模块。变体和 SGL-TM 在两个数据集上的实验结果被展现在表 2-4 中。

表 2-4 消融实验

数据集	Gowalla		Diginetica	
	Recall@20	MRR@20	Recall@20	MRR@20
Base	50.68	24.17	51.14	17.32
Base-TM	51.61	24.30	52.07	17.69
Base-SSL	52.05	24.87	52.65	18.27
SGL-TM	52.26	25.29	53.02	18.38

根据表 2-4 中的实验结果可以发现，自监督学习和目标自适应屏蔽模块都有助于 SGL-TM 模型性能的提升。自监督学习可以通过引入全局邻居信息来丰富

当前会话中的物品表示，使其更具有显著差异性，从而缓解过度平滑问题；另外通过实验可以看到，在模型训练过程中，被目标自适应屏蔽的候选集物品的分数为 0，不会被下降，从而在一定程度上缓解 softmax 和交叉熵损失带来的过拟合问题。

此外，与移除目标自适应屏蔽相比，移除自监督学习模块会导致模型性能下降的幅度更大。这可能是因为相对于过拟合问题，模型中的过度平滑问题更为突出，对推荐模型准确率的影响更大。另外，对比 Base-TM 和 SGL-TM，可以发现去掉自监督学习模块后，模型性能明显下降，这说明除了物品表示学习的会话—物品视角的监督信号之外，不同会话中物品之间的全局级关联关系可以提供额外的自监督信号。除此之外，与 SGL-TM 相比，Base-TM 的模型性能在 Gowalla 数据集上的 Recall@20 和 MRR@20 方面分别降低了 1.24%和 3.91%，而在 Diginetica 上的性能下降率分别为 1.79%和 3.75%。很明显，自监督学习模块对将目标物品排在正确位置的贡献大于在推荐列表中正确命中它们的贡献。同样地，与 SGL-TM 相比，Base-SSL 的模型性能在 Gowalla 数据集的 Recall@20 和 MRR@20 方面分别下降 0.40%和 1.66%，在 Diginetica 上相应的下降为 0.70%和 0.60%。

2.6.3　自监督程度的影响

在提出的基于全局关联关系的自监督图学习模型中，在公式（2-31）中引入了一个权衡参数 λ 以控制结合自监督学习的程度。具体来说，通过在｛0.0001，0.001，0.01，0.1，0.2，0.5，1.0，2.0，3.0｝中调整参数 λ 的大小来测试 SGL-TM 在两个数据集上的性能，以研究自监督学习的程度大小对模型整体性能的影响。实验结果如图 2-10 所示。

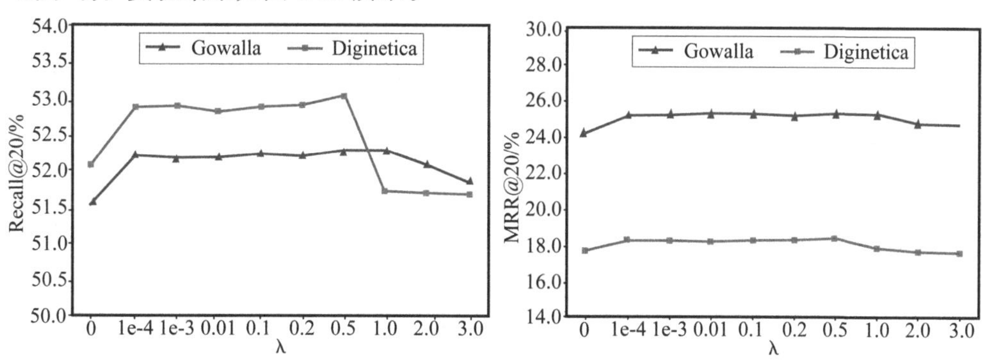

图 2-10　自监督程度的影响

基于图 2-10 中展现出的实验结果，引入具有适当大小的自监督信号可以有效地提高推荐系统的性能。这是由于自监督学习模块可以有效缓解模型的过度平滑问题，并引入了来自其他会话的全局级信息以生成准确的物品表示。具体来说，对于 Diginetica 数据集，随着 λ 的增大，SGL-TM 在这两个指标上的性能均呈现先上升后下降的趋势，其中 λ 为 0.5 时性能最佳。这是因为当 λ 较小时，自监督信号不足以解决过度平滑问题，而较大的 λ 可能会导致过拟合问题，从而导致模型性能相对较低。

对于 Gowalla 数据集，在 Recall@20 和 MRR@20 两个评估指标上，当 λ 在 1 以内时，随着 λ 的增大，SGL-TM 的性能先上升，之后呈现出轻微波动的趋势。当 λ 在 Gowalla 数据集上足够大（例如为 2 或 3）时，SGL-TM 的性能开始下降。λ 在 1 以内时，模型在 Diginetica 和 Gowalla 数据集上表现出的不同趋势可以被 Gowalla 上每个物品的平均点击量次数大于 Diginetica 的事实来进行解释说明。这说明 Gowalla 数据集中的物品的度数相对较高，就会更容易出现严重的过度平滑问题。因此，需要更多的自监督信号来解决 Gowalla 数据集上的这一问题。

2.6.4 会话长度的影响

考虑到现实世界中会话的长度各不相同，因此评估 SGL-TM 以及基准模型在处理各种长度的会话时的性能是非常有必要的。具体来说，将 Gowalla 和 Diginetica 数据集中的会话根据序列长度的不同划分为三组，分别是“short”包含少于 6 个物品的会话，“long”包含超过 10 个物品的会话，其他长度的会话属于“medium”。随后，对比 SGL-TM 和竞争基准模型，即 SR-GNN、GCE-GNN 和 S^2-DHCN 在两个数据集的三组不同长度的会话上的性能。实验结果如图 2-11 所示。

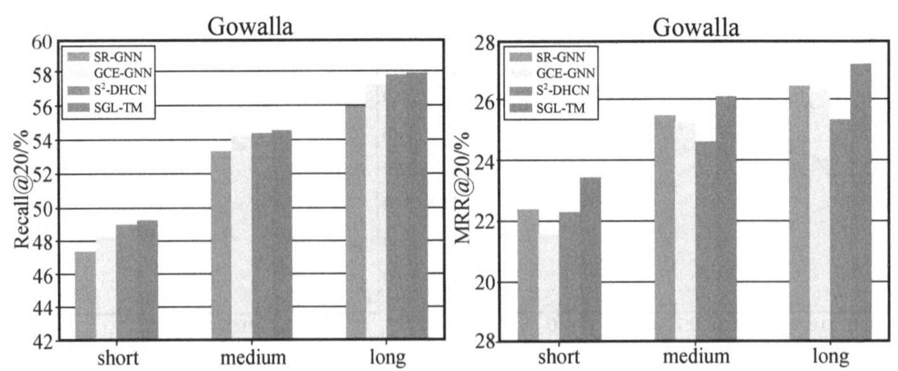

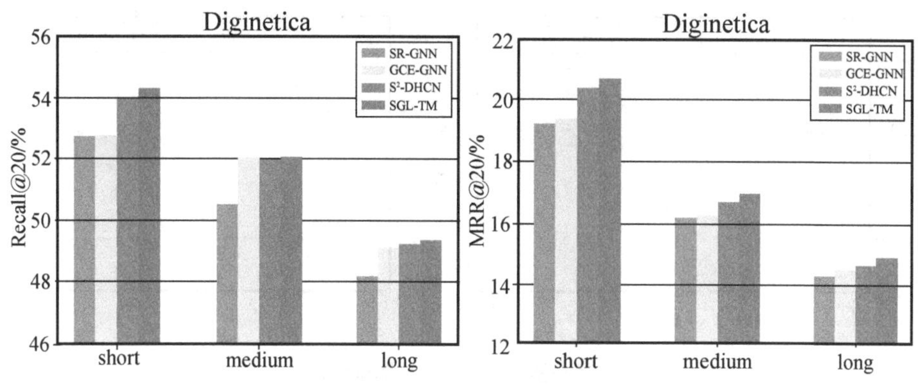

图 2-11　会话长度的影响

根据图 2-11 呈现出的实验结果，在 Recall@20 和 MRR@20 两个评估指标方面，GL-TM 在不同会话长度上表现出的性能均优于基准模型，这证明了本研究提出的模型在处理各种长度的会话时的有效性与鲁棒性。特别地，在 Gowalla 数据集上，当会话长度增加时，SGL-TM 模型在两个指标方面的性能都会提高。然而，随着在 Diginetica 数据集上会话长度的增加，SGL-TM 的性能表现出相反的趋势。在不同数据上模型表现的差异是由数据集特征之间的差异引起的。具体来说，对于签到场景下的 Gowalla，用户普遍关注的地点比较相似。因此，随着交互项数量的增加，可以提供更多信息来确定用户的目的。不同的是，对于 Diginetica 数据集，随着交互物品数量的增加，考虑到电子商务场景中用户的意图变化很快，用户偏好可能会变得更加难以捕捉。此外，据观察，SGL-TM 在两个数据集上的“short”会话方面对比竞争基准模型获得了最明显的改进，并且 SGL-TM 与基准模型之间的性能差距随着会话长度的减少而增加，这表明本研究提出的方法可以有效地从有限的历史交互中捕获用户意图。

2.6.5　超参数分析

本节实验分析了一些重要的超参数（包括分别在自监督学习和目标自适应屏蔽模块中引入的 M 和 N ）对 SGL-TM 性能的影响。

2.6.5.1　超参数 M 的分析

为了说明自监督学习模块中邻居和非邻居对的数量（即 M）对推荐准确性的影响，在 $\{1, 2, 3, 4\}$ 中搜索 M，SGL-TM 在 Gowalla 和 Diginetica 数据集上的结果如图 2-12 所示。

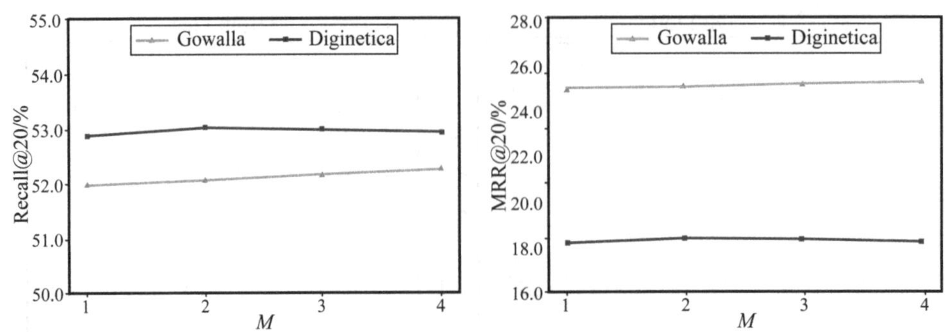

图 2-12　超参数 *M* 的大小对模型性能的影响

在 Diginetica 数据集上，从图 2-12 中可以发现，当 M 为 2 时，SGL-TM 的性能达到峰值。随着物品对数量的增加，SGL-TM 的性能先升高后降低。这可以被添加一个适当数量的物品对来解释，因为引入适当量的自监督信号可以提高模型性能；然而，引入过多数量的物品对则会导致自监督信号冗余，从而使得模型过拟合。有趣的是，在 Gowalla 数据集上，随着邻居对数量的增加，SGL-TM 的性能不断提高。该现象与 2.6.3 节中提到的一致，可以解释为 Gowalla 数据集与 Diginetica 相比需要更多的自监督信号。

2.6.5.2　超参数 N 的分析

研究在目标自适应屏蔽组件中屏蔽的邻居数量的影响，即 N 。具体来说，在 {1，2，3，4} 中调整 N 的大小，在 Gowalla 和 Diginetica 数据集上的结果如图 2-13 所示。从中可以观察到，在 Gowalla 和 Diginetica 数据集上，SGL-TM 在 N 为 4 时达到最佳表现。随着 N 的增加，SGL-TM 在 Gowalla 和 Diginetica 数据集上的两个指标的性能随之提高，这表明随着目标物品的屏蔽邻居数量增加，目标自适应屏蔽模块可以更有效地解决过拟合问题。

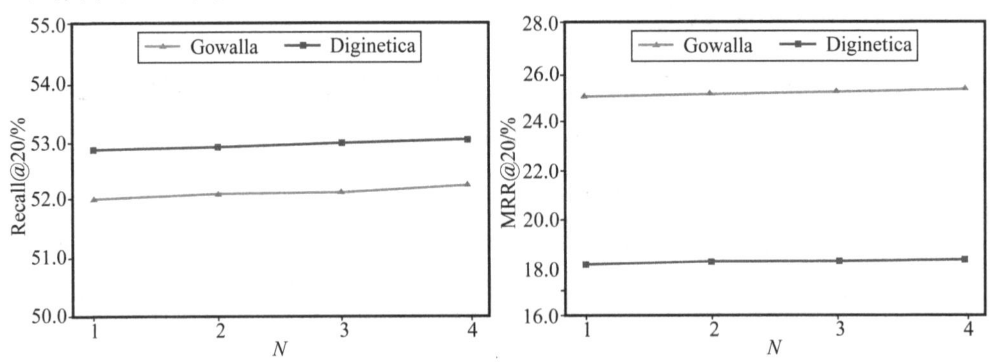

图 2-13　超参数 *N* 的大小对模型性能的影响

2.7　本章小结

在本章，提出了一种基于全局关联关系的自监督图学习（SGL-TM）方法，用于会话型推荐。具体来说，采用自监督学习通过引入信息之间的全局级连接来解决图神经网络的过度平滑问题。此外，设计了一个目标自适应屏蔽模块，根据目标信息的全局关联关系对候选集物品进行处理以有效地克服训练过程中 softmax 层和交叉熵损失造成的过拟合问题。在两个真实数据集 Gowalla 和 Diginetica 上进行的实验结果验证了本研究提出的 SGL-TM 模型在 Recall@20 和 MRR@20 评估指标上的有效性，以及在不同长度的会话上的鲁棒性。

本章参考文献

[1] 赵梦媛，黄晓雯，桑基韬，等. 对话推荐算法研究综述 [J]. 软件学报，2022，33（12）：4616-4643.

[2] LIANG Y Q, SONG Q Y, ZHAO Z Y, et al. BA-GNN: Behavior-aware graph neural network for session-based recommendation [J] . Frontiers Comput. Sci, 2023, 17 (6): 176613.

[3] SHANI G, HECKERMAN D, BRAFMAN R I. An MDP-based recommender system [J] . J. Mach. Learn. Res, 2005, 6: 1265-1295.

[4] RUOCCO M, SKREDE O S L, LANGSETH H. Inter-session modeling for session based recommendation [C] // Proceedings of the 2nd Workshop on Deep Learning for Recommender Systems (DLRS@RecSys' 17) . 2017: 24-31.

[5] CHEN Y, XIONG Q, GUO Y. Session-based recommendation: learning multidimension interests via a multi-head attention graph neural network [J] . Appl. Soft Comput, 2022, 131: 109744.

[6] WANG S J, CAO L B, WANG Y, et al. A survey on session-based recommender systems [J] . ACM Comput. Surv, 2022, 54: 154: 1-154: 38.

[7] YAN L, Li C P. Incorporating pageview weight into an association-rule-based web recommendation system [C] // Proceedings of the 19th Australian Joint Conference on Artificial Intelligence (AI' 06) . 2006: 577-586.

[8] YAP G, LI X, YU P S. Effective next-items recommendation via personalized sequential pattern mining [C] // Proceedings of the 17th International Conference on Database Systems for Advanced Applications (DASFAA' 12) . 2012: 48-64.

[9] LUDEWIG M, JANNACH D. Evaluation of session-based recommendation algorithms [J]. User Model. User Adapt. Interact, 2018, 28: 331-390.

[10] GARG D, GUPTA P, MALHOTRA P, et al. Sequence and time aware neighborhood for session-based recommendations: STAN [C] // Proceedings of the 42nd International ACM SIGIR conference on research and development in Information Retrieval (SIGIR' 19). 2019: 1069-1072.

[11] ZHANG Z, NASRAOUI O. Efficient hybrid web recommendations based on markov clickstream models and implicit search [C] // Proceedings of the ACM International Conference on Web Intelligence (WI' 07). 2007: 621-627.

[12] RENDLE S, FREUDENTHALER C, SCHMIDT-THIEME L. Factorizing personalized Markov chains for next-basket recommendation [C] // Proceedings of the 19th International World Wide Web Conference (WWW' 10). 2010: 811-820.

[13] HARIRI N, MOBASHER B, BURKE R. Context-aware music recommendation based on latenttopic sequential patterns [C] // Proceedings of the 6th ACM conference on Recommender systems (RecSys ' 12). 2012: 131-138.

[14] YUAN F J, KARATZOGLOU A, ARAPAKIS I, et al. A simple convolutional generative network for next item recommendation [C] // Proceedings of the 12th ACM International Conference on Web Search and Data Mining (WSDM' 19). 2019: 582-590.

[15] TUAN T X, PHUONG T M. 3D convolutional networks for session-based recommendation with content features [C] // Proceedings of the 2nd Workshop on Deep Learning for Recommender Systems (DLRS@RecSys' 17). 2017: 138-146.

[16] YOU J X, WANG Y C, PAL A, et al. Hierarchical temporal convolutional networks for dynamic recommender systems [C] // Proceedings of the 28th International World Wide Web Conference (WWW' 19). 2019: 2236-2246.

[17] HIDASI B, KARATZOGLOU A, BALTRUNAS L, et al. Session-based recommendations with recurrent neural networks [C] // Proceedings of the 4th International Conference on Learning Representations (ICLR' 16). 2016.

[18] TAN Y K, XU X X, LIU Y. Improved recurrent neural networks for session-based recommendations [C] // Proceedings of the 1st Workshop on Deep Learning for Recom-mender Systems (DLRS@RecSys' 16). 2016: 17-22.

[19] QUADRANA M, KARATZOGLOU A, HIDASI B, et al. Personalizing session-based recommendations with hierarchical recurrent neural networks [C] // Proceedings of the 2nd Workshop on Deep Learning for Recommender Systems (DLRS@RecSys' 17). 2017: 130-137.

[20] CHEN W Y, CAI F, CHEN H H, et al. A dynamic co-attention network for session-

based recommendation [C] // Proceedings of the 28th ACM International Conference on Information and Knowledge Management (CIKM' 19). 2019: 1461-1470.

[21] LI J, REN P J, CHEN Z M, et al. Neural attentive session-based recommendation [C] // Proceedings of the 26th ACM International Conference on Information and Knowledge Management (CIKM' 17). 2017: 1419-1428.

[22] WANG M R, REN P J, MEI L, et al. A collaborative session-based recommendation approach with parallel memory modules [C] // Proceedings of the 42nd International ACM SIGIR conference on research and development in Information Retrieval (SIGIR' 19). 2019: 345-354.

[23] LIU Q, ZENG Y F, MOKHOSI R, et al. STAMP: short-term attention/memory priority model for session-based recommendation [C] // Proceedings of the 24th ACM SIGKDD Conference on Knowledge Discovery and Data Mining (KDD' 18). 2018: 1831-1839.

[24] PAN Z Q, CAI F, LING Y X, et al. Rethinking item importance in session-based recommendation [C] // Proceedings of the 43rd International ACM SIGIR conference on research and development in Information Retrieval (SIGIR' 20). 2020: 1837-1840.

[25] WU S, TANG Y Y, ZHU Y Q, et al. Session-based recommendation with graph neural networks [C] // Proceedings of the 33rd AAAI Conference on Artificial Intelligence, (AAAI' 19). 2019: 346-353.

[26] XU C F, ZHAO P P, LIU Y C, et al. Graph contextualized self-attention network for session-based recommendation [C] // Proceedings of the 28th International Joint Conference on Artificial Intelligence (IJCAI' 19). 2019: 3940-3946.

[27] YU F, ZHU Y Q, LIU Q, et al. TAGNN: target attentive graph neural networks for session-based recommendation [C] // Proceedings of the 37th International Conference on Machine Learning (ICML' 20). 2020: 1921-1924.

[28] QIU R H, LI J J, HUANG Z, et al. Rethinking the item order in session-based recommendation with graph neural networks [C] // Proceedings of the 28th ACM International Conference on Information and Knowledge Management (CIKM' 19). 2019: 579-588.

[29] QIU R H, HUANG Z, LI J J, et al. Exploiting cross-session information for session-based recommendation with graph neural networks [J]. ACM Trans. Inf. Syst, 2020, 38: 1-22.

[30] WANG Z Y, WEI W, CONG G, et al. Global context enhanced graph neural networks for session-based recommendation [C] // Proceedings of the 43rd International ACM SIGIR conference on research and development in Information Retrieval (SIGIR' 20). 2020: 169-178.

[31] CHEN T W, WONG R C. Handling information loss of graph neural networks for

session-based recommendation [C] // Proceedings of the 26th ACM SIGKDD Conference on Knowledge Discovery and Data Mining (KDD' 20) . 2020: 1172-1180.

[32] CHEN M, WEI Z W, HUANG Z F, et al. Simple and deep graph convolutional networks [C] // Proceedings of the 37th International Conference on Machine Learning (ICML' 20) . 2020: 1725-1735.

[33] HJELM R D, FEDOROV A, LAVOIE-MARCHILDON S, et al. Learning deep representations by mutual information estimation and maximization [C] // Proceedings of the 7th International Conference on Learning Representations (ICLR' 19) . 2019.

[34] CHEN T, KORNBLITH S, NOROUZI M, et al. A simple framework for contrastive learning of visual representations [C] // Proceedings of the 37th International Conference on Machine Learning (ICML' 20) . 2020: 1597-1607.

[35] AFOURAS T, OWENS A, CHUNG J S, et al. Self-supervised learning of audio visual objects from video [C] // Proceedings of the 16th European Conference on Computer Vision (ECCV' 20) . 2020: 208-224.

[36] ZHANG J Q, ZHAO Y, SALEH M, et al. PEGASUS: pre-training with extracted gapsentences for abstractive summarization [C] // Proceedings of the 37th International Conference on Machine Learning (ICML' 20) . 2020: 11328-11339.

[37] YIN H Z, CUI B, LI J, et al. Challenging the long tail recommendation [J] . Proc. VLDB Endow, 2012, 5: 896-907.

[38] WU J C, WANG X, FENG F L, et al. Self-supervised graph learning for recommendation [C] // Proceedings of the 44th International ACM SIGIR Conference on Research and Development in Information Retrieval (SIGIR' 21) . 2021: 726-735.

[39] LIU Z, MA Y P, OUYANG Y X, et al. Contrastive learning for recommender system [J] . CoRR, 2021, abs/2101.01317.

[40] XIE X, SUN F, LIU Z Y, et al. Contrastive learning for sequential recommendation [C] // Proceedings of the IEEE 38th International Conference on Data Engineering (ICDE' 22) . 2022: 1259-1273.

[41] XIA X, YIN H Z, YU J L, et al. Self-supervised graph co-training for session-based recommendation [C] // Proceedings of the 30th ACM International Conference on Information and Knowledge Management (CIKM' 21) . 2021: 2180-2190.

[42] YUAN F J, HE X N, JIANG H C, et al. Future data helps training: modeling future contexts for session-based recommendation [C] // Proceedings of the 29th International World Wide Web Conference (WWW' 20) . 2020: 303-313.

[43] LIU Y, YANG S S, LEI C Y, et al. Pre-training graph transformer with multimodal side information for recommendation [C] // ACM Multimedia Conference (MM' 21) . 2021:

2853-2861.

[44] XIN X, KARATZOGLOU A, ARAPAKIS I, et al. Self-supervised reinforcement learning for recommender systems [C] // Proceedings of the 43rd International ACM SIGIR conference on research and development in Information Retrieval (SIGIR' 20). 2020: 931-940.

[45] ZHOU K, WANG H, ZHAO W X, et al. S3-rec: self-supervised learning for sequential recommendation with mutual information maximization [C] // Proceedings of the 29th ACM International Conference on Information and Knowledge Management (CIKM' 20). 2020: 1893-1902.

[46] HAO B W, YIN H Z, ZHANG J, et al. A multi-strategy based pre-training method for cold-start recommendation [J]. ACM Trans. Inf. Syst, 2023, 41: 1-24.

[47] YUAN X, CHEN H S, SONG Y H, et al. Improving sequential recommendation consistency with self-supervised imitation [C] // Proceedings of the 30th International Joint Conference on Artificial Intelligence (IJCAI' 21). 2021: 3321-3327.

[48] KIPF T N, WELLING M. Semi-supervised classification with graph convolutional networks [C] // Proceedings of the 5th International Conference on Learning Representations (ICLR' 17). 2017.

[49] HASANZADEH A, HAJIRAMEZANALI E, NARAYANAN K R, et al. Semi-implicit graph variational auto-encoders [C] // Advances in Neural Information Processing Systems 32: Annual Conference on Neural Information Processing Systems (NeurIPS' 19). 2019: 10711-10722.

[50] LI Y J, TARLOW D, BROCKSCHMIDT M, et al. Gated graph sequence neural networks [C] // Proceedings of the 4th International Conference on Learning Representations (ICLR' 16). 2016.

[51] VELICKOVIC P, CUCURULL G, CASANOVA A, et al. Graph attention networks [C] // Proceedings of the 6th International Conference on Learning Representations (ICLR' 18). 2018.

[52] VASWANI A, SHAZEER N, PARMAR N, et al. Attention is all you need [C] // Advances in Neural Information Processing Systems 30: Annual Conference on Neural Information Processing Systems (NeurIPS' 17). 2017: 5998-6008.

[53] YU J L, YIN H Z, XIA X, et al. Self-supervised learning for recommender systems: a survey [J]. CoRR, 2022, abs/2203.15876.

[54] LIU Z W, CHEN Y J, LI J, et al. Contrastive self-supervised sequential recommendation with robust augmentation [J]. CoRR, 2021, abs/2108.06479.

[55] YANG Y H, WU L, HONG R C, et al. Enhanced graph learning for collaborative filtering via mutual information maximization [C] // Proceedings of the 44th International ACM

SIGIR Conference on Research and Development in Information Retrieval（SIGIR’ 21）. 2021：71-80.

[56] DEVLIN J，CHANG M W，LEE K，et al. BERT：pre-training of deep bidirectional transformers for language understanding [C] // Proceedings of the 2019 Conference of the North American Chapter of the Association for Computational Linguistics：Human Language Technologies（NAACL-HLT’ 19）. 2019：4171-4186.

[57] PAN Z Q，CAI F，CHEN W Y，et al. Star graph neural networks for session-based recommendation [C] // Proceedings of the 29th ACM International Conference on Information and Knowledge Management（CIKM’ 20）. 2020：1195-1204.

[57] KINGMA D P，BA J. Adam：a method for stochastic optimization [C] // Proceedings of the 3rd International Conference on Learning Representations（ICLR’ 15）. 2015.

第3章　基于邻居和类别关联关系的超图会话型推荐方法

在第2章使用基于全局关联关系的自监督图学习方法增强推荐系统性能的基础上，为进一步克服普通图学习存在的瓶颈，本章提出基于邻居和类别关联关系的超图方法。本章主要工作包括引入物品的类别关系丰富物品表示学习，以及构建基于邻居和类别关联关系的超图推荐框架解决普通图无法准确建模信息间超越成对关系的问题，旨在根据信息间的多元关联关系引入其他信息丰富物品的表示，建模更加准确的用户偏好，进一步提高会话型推荐系统的准确度。

3.1 引　　言

推荐系统在帮助用户从面临的海量信息中做出选择方面发挥至关重要的作用。传统的推荐模型总是关注用户的长期兴趣用于生成推荐，比如基于协同过滤和基于内容的方法[1]。然而，在现实世界中，随着社会各界对用户隐私的保护以及碎片化网络时代的到来，存在部分用户长期兴趣不易获取以及用户兴趣多变等问题。在这种情况下，能够根据短时间内的交互历史对用户做出精准推荐的会话型推荐愈发受到重视。

目前，已有许多工作聚焦于会话型推荐研究领域。例如，Rendle 等人将马尔可夫链与矩阵分解相结合，结合两个方法的优势向用户推荐下一个物品[2]。Li 等人在循环神经网络的基础上进一步引入自注意力机制，实现对用户主要意图更精准地建模[3]。考虑到图神经网络在建模物品转换关系方面的优势，Qiu 等人设计了 FGNN+模型，使用全局图来连接不同的会话从而捕捉跨会话信息，引入其他会话信息丰富物品表示学习[4]。

然而，现有的会话型推荐模型存在一些局限性，例如基于马尔可夫链和循环神经网络的方法不能处理复杂的成对关系。除此之外，尽管基于图神经网络的方法取得了很大的成功，但在会话中物品之间存在超越成对的关系，如根据物品的不同属性，它们具有不同的连接关系，普通的图无法很好地将这种多阶复杂关系同时建模出来。除此之外，在线上平台浏览商品时，比起一个全新类别的商品，用户更倾向于与过去浏览过的类别的商品进行交互，这证明物品的类别关系在推荐系统中也会发挥一定的作用。如图 3-1 所示，将用户在过去一段时间内浏览过的商品作为一个会话，由于交互的商品多为电子产品，对比候选集中其他物品，用户在进行下一步操作时可能会更倾向于浏览鼠标。然而，现有的图学习很难准确地同时把物品之间的邻居和类别关系表示出来。

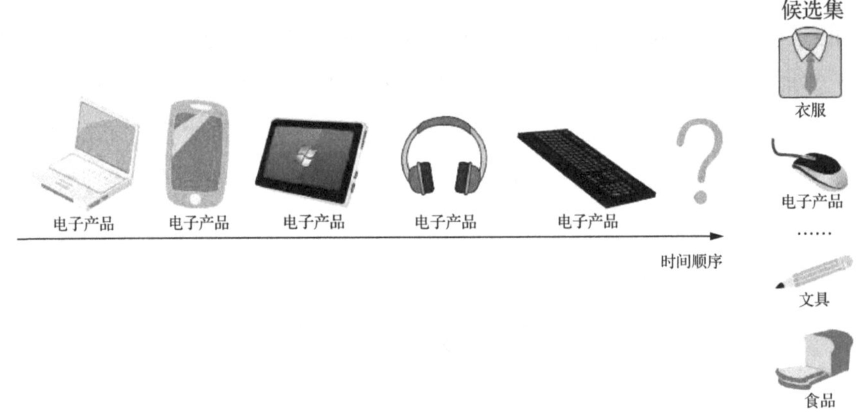

图 3-1　会话示例 2

为有效解决上述问题，本研究提出了基于邻居和类别关联关系的超图（HL-NCA）会话型推荐模型。具体来说，构造能够反映信息间邻居和类别关联关系的超图并定义三种类型的超边，即会话超边、邻居超边和类别超边，以呈现节点间多类型连接关系。通过注意力机制进行超边信息聚合获取到节点的邻居和类别信息，进行节点表示更新与学习以得到节点嵌入表示，将节点嵌入表示与反向位置嵌入向量相结合得到最终的信息表示。接着，使用注意力机制获取到用户偏好，据此计算候选集中物品的预测分数，利用交叉熵损失进行模型优化。在两个电商数据集 Diginetica 和 Cosmetics 上进行了充足的实验，实验结果表明，本研究提出的 HL-NCA 模型在 Recall@20 和 MRR@20 评估指标上的表现都优于先进的基准模型，证明了该方法在会话型推荐上的有效性。

总的来说，本章的主要贡献可以概括如下：

①提出了一种能够考虑信息间多类型复杂关联关系的超图推荐框架，它能够借助超图的特性学习信息间多元关系，解决普通图只能建模成对转换关系的瓶颈。

②同时，考虑到用户的真实交互行为模式，将物品间的类别关系纳入考虑，以丰富物品表示学习。

③在两个公开的、真实世界的数据集 Digneitca 和 Cosmetics 上实施的实验结果证明，本研究提出的 HL-NCA 模型在 Recall@20 和 MRR@20 评估指标方面均优于竞争基准模型。

3.2　相关工作分析

在 2.2 节相关工作分析的基础之上，本节进一步对基于超图学习的相关工作进行总结分析。

随着网络规模的日渐庞大以及节点连接的复杂多样，逐渐涌现出越来越多的大规模复杂网络，这些网络中节点和边的数量繁多，节点间的关系复杂多样，且有时还处于不断地动态变化中，普通图在刻画这些真实世界网络中遇到困难，因此超网络应运而生。超网络的拓扑结构则为超图，超图是图的一种新型变体，超图中一条超边可以连接两个及以上的多个节点。由于超图的这一特性，相较于普通图来说，超图可以更准确地描述节点之间的复杂多元连接，有效突破普通图的瓶颈[5]。

超图学习与普通图学习类似，在超图上学习的过程可以看作沿着超图结构传递信息；从这个角度来看，普通图学习可以看作是超图学习的特例，因为它只考虑节点之间的成对连接。与普通图学习不同的是，超图学习探索信息之间的高阶相关性，将图学习模型拓展到高维和更完整的非线性空间，从而实现更强的建模能力，更精准地刻画信息之间的复杂关联关系。基于其结构方面的优势，超图学习已在社交网络[6]、链路预测[7] 等人工智能领域取得了突出的进展。

近段时间，超图学习也被广泛应用于推荐系统中，以建模信息之间的复杂关联关系。例如，Wang 等人设计了用于下一项推荐的顺序超图框架（HyperRec）[8]。具体来说，该模型采用超图来描述物品之间的相关性，并应用多个卷积层来捕捉超图中的多阶连接；同时使用门控层对不同时间段之间的连接进行建模，使用融合层将物品嵌入表示和用户的短期意图相结合以进行动态用户建模。该模型使用超图学习有助于建模不同时间段的短期相关性，聚合高阶连接的相关项。Xia 等人提出的双通道超图卷积网络（DHCN）填补了超图学习在会话型推荐领域的空白[9]。由于会话中的信息交互存在多对多以及高阶的关联关系，该方法将每个会话建模为一个超边，构建包含物品高阶相关性的超图，并借助超图卷积网络的优势生成更高质量的推荐结果。同时为了加强推荐效果，该模型创新性地提出双通道，通过自监督学习最大化两个通道之间的互信息，以提高在会话特征建模中的性能。Zhang 等人设计了协同引导异构超图网络（CoHHN），结合异构图在建模异构信息方面的优势和超图在捕捉复杂高阶依赖方面的优势，建立具有特征、价格、会话三种超边的异构超图，设计双通道聚合机制来聚合来自超图中的各种信息，以根据物品的特征和用户价格偏好预测用户的下一步行为[10]。为了捕捉用户的动态意图，同时避免会话中包含的嘈杂信号的影响，Li 等人提出基于超图的解决方法（HIDE），该方法为每个会话构建一个超图，之后在微观层面，在会话超图上进行意图感知嵌入传播，以自适应地激活从嘈杂数据中提取出来的意图；在宏观层面，则引入辅助的意图识别任务来建模不同意图；结合微观和宏观层面给出用户在当前会话的最终意图表示以进行推荐[11]。

超图学习给推荐系统带来新的启发，解决了过往会话型推荐中普通图无法很好地建模信息间多元、高阶关系的瓶颈，有助于推荐性能的进一步提升。然而，现有的基于超图学习的会话型推荐方法大多从会话的角度构建超图，没有引入信息间的其他特征关系，例如信息的类别关系，这可以为丰富信息表示学习提供额外的帮助。因此，在本章中，提出基于邻居和类别关联关系的超图推荐模型，构建具有三种类型超边的超图来反映信息间邻居、类别多元关联关系，丰富信息的表示学习，建模更为准确的用户意图。

3.3 相关理论与技术

本章提出采用超图建模的方法进一步提高会话推荐的准确度。为了方便对本研究内容的理解，在 2.3 节会话推荐相关理论与技术的介绍基础之上，本节对超图建模相关理论与技术进行介绍。

首先介绍超图的基本知识，将一个超图记作 G，由一组节点 V 和一组超边 ε

组成。超图中的每条超边 $e \in \varepsilon$ 连接两个或两个以上的任意数量节点。由于超边的这一特性，超图因此具备了可以建模节点之间复杂多维关系的特性。目前，超图已经被广泛应用在社交网络、脑网络、生物医疗等方面。

在加权超图中，每个超边 $e \in V$ 被赋予一个权重 $w(e)$，代表该连接关系在整个超图中的重要性。令 W 表示超边权重的对角矩阵，$\mathrm{diag}(W) = [w(e_1), w(e_2), \cdots, w(e_{|\varepsilon|})]$。给定一个超图 $G=(V, \varepsilon, W)$，超图的结构通常由关联矩阵 H 表示：

$$H(v, e) = \begin{cases} 1, & \text{if } v \in e \\ 0, & \text{if } v \notin e \end{cases} \tag{3-1}$$

在很多现实场景下，关联矩阵并不是简单的（0，1）矩阵，而是元素在 0 到 1 范围内的连续矩阵，$H(v, e)$ 表示节点 v 分配给超边 e 的可能性，也可以表示为节点 v 对于超边 e 的重要程度。

超边 e 的度数和节点 v 的度数可以分别表示为：

$$\delta(e) = \sum\nolimits_{v \in v} H(v, e) \tag{3-2}$$

$$d(v) = \sum\nolimits_{e \in \varepsilon} w(e) * H(v, e) \tag{3-3}$$

用超图去建模信息之间复杂关联关系，要通过超图生成和超图学习两个步骤来实现。

3.3.1　超图生成

目前超图生成的研究主要围绕基于距离、基于表示、基于属性和基于网络这四种方法，本节对推荐系统中常用的基于距离和基于属性的超图生成方法进行详细介绍。

3.3.1.1　基于距离的超图生成

基于距离的超图生成方法是根据特征空间中的距离来挖掘节点间的关系，其目标是在特征空间中找到相邻的节点，并构造一个超边来连接它们。常使用两种方法来构建这种超边，即最近邻搜索和聚类方法，如图 3-2 所示。

在基于最近邻搜索的方法中，给定一个节点，也可以看作质心，连接该节点和其在特征空间中的最近邻居为一条超边，所连接的邻居数量是由预先定义的参数 k 或者距离范围内的节点数量决定的。基于聚类的方法则是旨在通过聚类算法（如 k-means）将所有节点直接分组到不同聚类中，并通过超边连接同一聚类中的所有节点。对于这种方法构建的超边，超边的权重可以通过如下计算得到：

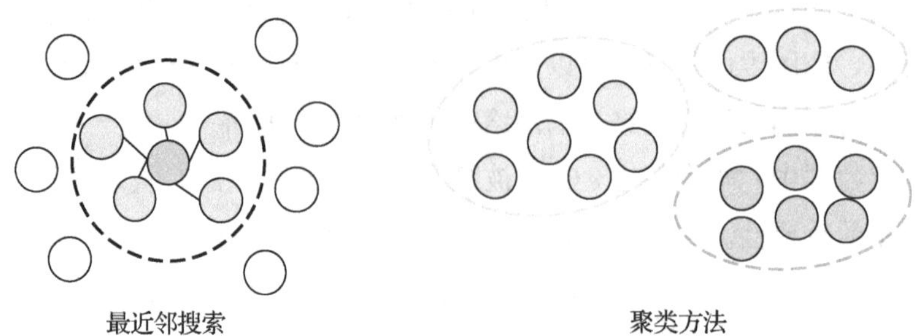

图 3-2 基于距离的超图生成

$$w(e)=\sum_{u,\ v\in e}\exp\left(-\frac{d(X(u),\ X(v))^2}{\sigma^2}\right) \tag{3-4}$$

其中，u 和 v 表示超边中的一对节点，$d(X(u),\ X(v))$ 表示 u 和 v 之间的距离。

3.3.1.2 基于属性的超图生成

基于属性的超图生成是根据节点的属性信息来进行超边构建，具有相同属性的节点由超边连接。将其中的每个超边视为一个团，并将该团中成对边的热核权重的平均值作为超边权重，如下表示：

$$w(e)=\frac{1}{\delta(e)(\delta(e)-1)}\sum_{u,\ v\in e}\exp\left(-\frac{\|X(u)-X(v)\|_2^2}{\sigma^2}\right) \tag{3-5}$$

其中，$\delta(e)$ 表示超边 e 的度数。由于属性是可以分层划分的，因此生成的超边也会具有不同的级别，从而导致不同超边连接多尺度属性。尽管属性信息在数据表示方面具有显著优势，但在某些情况下可能无法获得此类信息，Fang 等人对此提出一种可能的解决方案，即定义一组可以从现有数据中学习的属性[12]。

3.3.2 超图学习

超图学习是在学习过程中动态调整超图信息，包括超边权重、节点信息以及超图结构学习，使得对复杂数据的建模更加准确。

3.3.2.1 超边权重学习

超边权重用于指示不同超边的重要性。由于不同的超边在表示节点之间的连接时可能具有不同的精度级别，因此根据其表现能力来衡量超边是至关重要的。Gao 等人提出自适应超边加权算法[13]。具体来说，不同相关性（即主体之间的高阶连接）的影响可以通过在学习过程中同时更新超边和标签向量的权重来自动调节。通过将所有超边权重之和设置为 1，这种自适应超边加权方法可以转化为双优化问题，如下表述：

$$\underset{F,W}{\arg\min}\,\psi(F):=\{F^{T}\Delta F+\lambda[F-Y]^{2}+\mu\sum_{e\in\varepsilon}W(e)^{2}\}$$
$$\text{s.t.}\,W(e)=1 \tag{3-6}$$

该问题可以采用拉格朗日乘法和交替优化策略来解决。

3.3.2.2　节点信息学习

不同的节点在超图学习中发挥着不同的重要性，节点权重用于衡量超图中不同节点的重要性。Su 等人提出了节点加权的开创性工作，该方法在生成超图时，根据每个类的训练样本分布计算每个节点的权重，之后，对超图进行动态学习的过程中同时估计最优标签向量和节点权重[14]。令 $label_v$ 表示节点 v 的类别，$\widehat{d}_v$ 表示节点 v 到所有其他类中训练节点的平均距离，节点 v 的权重可以表示为：

$$U(v)=\frac{\widehat{d}_v}{\sum_{u\mid label_u=label_v}\widehat{d}_v} \tag{3-7}$$

节点加权超图的拉普拉斯矩阵可以表示为：

$$\Delta=U-D_v^{-1/2}HWD_e^{-1}H^{T}D_v^{-1/2} \tag{3-8}$$

节点信息学习任务可以被表示为：

$$\underset{F,W}{\arg\min}\,\psi(F):=\{F^{T}\Delta F+\lambda[F-Y]^{2}+\mu\sum_{e\in\varepsilon}W(e)^{2}\}$$
$$\text{s.t.}\,W(e)\geqslant 0,\ \sum_{e\in\varepsilon}H(v,e)W(e)=D_v(v) \tag{3-9}$$

3.3.2.3　超图结构学习

与基于给定超图结构（即固定关联矩阵）的超边权重或节点信息学习不同，超图结构学习是更新超图结构，即优化关联矩阵。超图结构学习可以与同一框架内未标记节点的标签预测共同执行。Zhang 等人提出一种联合学习标签向量和关联矩阵的双重优化模型[15]，目标函数可以表示为：

$$\underset{F,\,0\leqslant H\leqslant 1}{\arg\min}\,\psi(F):=\Omega(F,H)+\lambda R_{\text{emp}}(F)+\mu\Phi(H) \tag{3-10}$$

其中，$\Phi(H)$ 表示对输入特征 X 的约束。

基于共享相似特征的两个主体之间应该有更强的关系这一事实，H 上的正则化器被表述为：

$$\Phi(H)=\text{tr}((I-D_v^{-1/2}HWD_e^{-1}H^{T}D_v^{-1/2})XX^{T}) \tag{3-11}$$

由于关联了特征空间和标签空间，超图结构学习在建模数据校正方面取得了显著的成就，但因为在学习过程中需要不断地进行超图结构的动态更新，同时也不可避免地面临着高计算成本的问题。

3.4 模型框架

在本节对基于邻居和类别关联关系的超图（HL-NCA）会话型推荐方法进行详细的介绍。具体来说，首先对模型的总体框架以及工作流程进行介绍。接着，对模型中的三个组成模块分别进行描述，即超图构建、超图学习以及模型预测与优化。

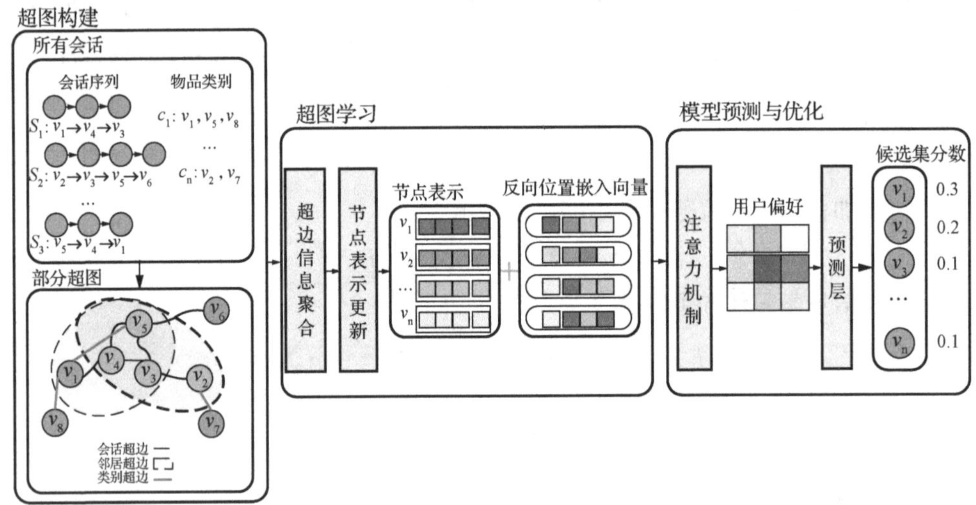

图 3-3　基于邻居和类别关联关系的超图（HL-NCA）会话型推荐方法的流程框架

3.4.1　总体框架

图 3-3 展示了本研究提出的用于会话型推荐的基于邻居和类别关联关系的超图（HL-NCA）模型。给定训练集中的所有会话，首先构建一个超图来反映信息间的复杂关联关系，具体来说，构造三种超边，分别是会话超边、邻居超边和类别超边，会话超边连接一个会话中的所有物品、邻居超边连接物品及它在所有会话中的邻居、类别超边连接同一个类别中的所有物品；该超图能够展现物品间的多类型关联关系。接着，通过注意力机制进行超边信息聚合并通过节点表示更新获取到节点表示，将其与反向位置嵌入向量结合生成用户的兴趣偏好，并据此进行模型的下一项推荐和优化。下面将首先对会话型推荐任务进行形式化表述，对 HL-NCA 模型的三个主要组成模块进行详细介绍，并在表 3-1 中展示本章出现的

符号及相应描述。

令 $V=\{v_1, v_2, \cdots, v_{|V|}\}$ 表示物品集合，它包含所有的物品，每个物品具有一个类别标识，表示为 (v_i, c_{v_i})，代表用户交互的物品 $v_i(\in V)$ 属于类别 $c_{v_i}(\in C)$。令 $U=\{S_1, S_2, \cdots, S_{|U|}\}$ 表示所有的会话，其中 $|U|$ 指示会话的数量。

表 3-1　HL-NCA 模型中涉及的主要符号说明

符号	描述
S_i	正在进行的某个会话
c_{v_i}	物品 v_i 的类别
v_i	会话中的物品初始嵌入表示
$G=\{V, \varepsilon\}$	展现物品多类型关联关系的超图
$e^{S_k}\in\varepsilon^S$	连接一个会话中所有物品的会话超边
$e^{v_i}\in\varepsilon^G$	连接一个物品和其在不同会话中邻居的邻居超边
$e^{c_k}\in\varepsilon^C$	连接某个类别下所有物品的类别超边
${e_i}^l$	来自超边的信息聚合
p_{n-i+1}	反向位置嵌入向量
z_i	经过超图学习和位置嵌入后的物品表示
u	用户在当前会话上的兴趣偏好

$S_i=\{v_1, v_2, \cdots, v_t, \cdots, v_n\}$ 是会话集合 U 中的第 i 个会话，它包含 n 个按时间顺序排列的物品，其中 v_t 表示在会话 S_i 中用户在时间戳 t 进行交互的物品。给定一个当前会话 S_i，首先借助邻居和类别关联关系学习会话中的物品表示和用户偏好，并据此来生成候选集中所有物品的预测分数，将其中分数排名最高的 k 个物品组成推荐列表推荐给用户。

3.4.2　超图构建

普通的图只能表示成对的节点关系，然而，在现实世界中，信息之间存在复杂的多元连接关系，例如在会话型推荐中，在使用图中邻居节点信息之外，想要利用物品的类别关联关系来增强信息表示，普通的图则无法很好地将类别关系同时融合其中。相比之下，一条超边能够连接两个及以上节点的超图可以更好地建模信息之间的这种复杂多元关联关系。定义超图表示为 $G=\{V, \varepsilon\}$，其中节点

V 集合包含所有的物品。

接着，定义三种超边，即 $\varepsilon = \varepsilon^S \cup \varepsilon^G \cup \varepsilon^C$ 。会话超边 $e^{S_k} \in \varepsilon^S$ 连接发生在同一个会话 S_k 中的所有物品，其中，$e_{i,j}^{S_k}$ 表示在会话 S_k 中用户在与 v_j 发生交互之前已经点击了 v_i ；邻居超边 $e^{v_i} \in \varepsilon^G$ 连接当前节点 v_i 及其在所有会话中的邻居节点；类别超边 $e^{c_k} \in \varepsilon^C$ 连接具有相同类别的物品节点，超边构造如图 3-4 所示。

综上所述，构建的超图实现将当前会话信息、全局邻居关系以及类别关系聚合在一起，能够获取邻居信息和类别信息以增强物品表示学习，有效的建模信息之间基于邻居和类别的多元关联关系。

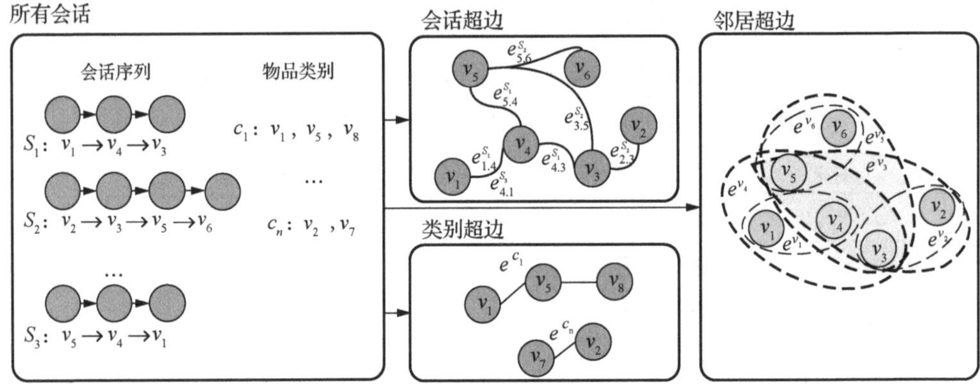

图 3-4 超边构造示意图

3.4.3 超图学习

本节包含两部分，分别是超边信息聚合和节点表示更新，旨在聚合邻居超边和类别超边上的信息以进行会话超边上的节点表示学习。

3.4.3.1 超边信息聚合

在构建了超图 $G=\{V, \varepsilon\}$ 之后，首先初始化 G 中每个节点 v_i 的初始嵌入向量 x_i ，如下表示：

$$x_i^0 = \mathrm{Embedding}(v_i) \tag{3-12}$$

其中，Embedding 表示嵌入层，$x_i^0 \in \mathbb{R}^d$ 指代 v_i 的初始化嵌入表示，d 意味着嵌入表示的维度。对于会话超边 $e^{S_k} \in \varepsilon^S$ 中的每个节点 v_i ，由于还被邻居超边和类别超边关联着，因此需要聚合来自邻居超边和类别超边上的信息。由于一条超边连接不同节点，将超边上关联的节点表示为集合 N_i^{τ} 。不同节点对节点 v_i 的重要程度不同，为了更有效地获取信息，可通过注意力机制对超边上的节点进行加权聚合，在第 l 层超图学习中，超边信息聚合可表示为：

$$e_i^l = \sum_j^{N_i^\tau} \alpha_j^\tau x_j^{l-1} \tag{3-13}$$

其中，α_j 可通过如下计算得到：

$$\alpha_i = \frac{\exp(\psi_{ij}^l x_j^\tau)}{\sum_{v_i^\tau \in N_i^\tau} \exp(\psi_{ij}^l x_j^\tau)} \tag{3-14}$$

其中的注意力系数可通过如下计算得到：

$$\psi_{ij}^l = \sigma(W_0^{\mathrm{T}}[W_1 x_i^{l-1};\ W_2 x_j^{l-1}]) \tag{3-15}$$

其中，$W_1 \in \mathbb{R}^{2d}$ 和 W_1、$W_2 \in \mathbb{R}^{d\times d}$ 表示训练参数，[；] 指代连接操作，σ 表示 LeakyRelu 激活函数。分别对 v_i 关联着的邻居超边和类别超边进行如上超边信息聚合操作，可得到其邻居和类别信息。

3.4.3.2　节点表示更新

在学习到会话超边上物品 v_i 的邻居和类别信息后，通过信息聚合更新得到节点表示，如下所示：

$$x_i^l = W_3[x_i^{l-1},\ \varphi,\ e_{i1}^l,\ (1-\varphi)\cdot e_{i2}^l] \tag{3-16}$$

其中，W_3 表示可学习的参数，e_{i1}^l 表示邻居超边信息，e_{i2}^l 表示类别超边信息，φ 为超参数。在经过超边信息聚合和节点表示学习后，得到会话中的物品表示，即 x_i 之后，将会话序列从会话超边中进行恢复，以获得当前会话中按时间顺序排列的物品表示，形式为 $\{z_1,\ z_2,\ \cdots,\ z_n\}$。

参考之前的研究工作，一个会话中不同的物品对于用户兴趣偏好的贡献是不同的，通常来说，位置越靠后的物品包含的有效信息更多，会更接近真实的用户当前主要意图，因此使用可学习的位置嵌入矩阵来表示当前会话中不同物品的重要程度，即 $P=[p_1,\ p_2,\ \cdots,\ p_n]$，其中 p_i 是在位置 i 上的位置向量，n 为当前会话序列的长度，这里采用反向位置嵌入矩阵。将通过超图学习得到的会话物品表示和位置向量通过聚合操作以得到最终的物品表示，如下所示：

$$z_i = \tanh(W_3[z_i \| p_{n-i+1}] + b_3) \tag{3-17}$$

其中，p_{n-i+1} 表示物品 v_i 在当前会话中的反向位置嵌入向量，W_3 表示可学习的参数。

3.4.4　模型预测与优化

在得到融合邻居和类别信息以及反向位置嵌入向量的最终物品表示后，使用注意力机制计算得到当前会话表示，即用户在当前会话中的兴趣偏好，如下式所示：

$$u=\sum_{i=1}^{n}\gamma_i z_i \tag{3-18}$$

$$\gamma_i=\mathrm{Softmax}(\beta_i)$$

$$\beta_i=W_5\sigma(W_6 z_i+W_7\bar{u})$$

其中，σ 表示 sigmoid 函数，$W_5\in\mathbb{R}^d$ 和 W_6、$W_7\in\mathbb{R}^{d\times d}$ 代表可训练参数，$\bar{u}$ 可通过如下计算得到：

$$\bar{u}=\frac{1}{n}\sum_{i=1}^{n}z_i \tag{3-19}$$

在获得会话表示 u 之后，可以通过结合 u 与候选物品集合中物品 v_i 的嵌入表示 v_i 来生成每个候选物品的最终被推荐概率。具体来说，首先计算会话表示 u 和候选物品的嵌入表示 v_i 的乘积，随后使用 softmax 函数计算出每个候选物品被推荐的概率 $\hat{y}_i$，计算过程如下所示：

$$\hat{y}_i=\mathrm{Softmax}(u^{\mathrm{T}}v_i)\ \forall i=1,\ 2,\ \cdots,\ |V| \tag{3-20}$$

其中，$\hat{y}_i$ 表示物品 v_i 成为下一个被推荐给用户的物品的概率，v_i 表示候选物品 v_i 的初始嵌入表示。对于每个会话，使用交叉熵损失作为损失函数来学习基于邻居和类别关联关系的超图模型的可训练参数，并进行下一个物品推荐，交叉熵损失函数可以被表示为：

$$L_{\mathrm{rec}}=-\sum_{i=1}^{V_{\mathrm{candidate}}}y_i\log(\hat{y}_i)+(1-y_i)\log(1-\hat{y}_i) \tag{3-21}$$

其中，$V_{\mathrm{candidate}}$ 表示候选集合，y_i 表示真值物品的独热编码表示，当候选物品集合中的候选项 v_i 是正确的下一个被推荐物品时，y_i 的值为 1，否则为 0。之后，使用反向传播算法来进行模型的训练与优化。

在算法 3-1 中详细介绍了 HL-NCA 模型的训练过程。对于训练集中的所有会话，首先在步骤 1 中构建一个超图来反映不同会话中的物品间的多元关联关系，即通过构造会话、邻居、类别三种超边建模物品间关系。之后在步骤 4 中初始化超图中的节点的嵌入表示，即使用 Embedding 层学习。在步骤 5 中通过注意力机制分别从邻居和类别超边中聚合信息，在步骤 6 中进行节点信息聚合得到包含邻居和类别信息的节点表示，在步骤 7 中从会话超边中恢复会话序列表示。为了反映会话中不同物品的重要性程度，在步骤 8 中引入位置嵌入矩阵，在步骤 9 中通过聚合节点表示和反向位置嵌入向量得到最终的物品表示。在步骤 10 中根据注意力机制生成当前会话表示，即用户在当前会话中的兴趣偏好。在步骤 11 中使用预测层得到候选集物品的预测分数，在步骤 12 通过交叉熵损失计算得到模型总损失，并使用反向传播算法对模型进行优化。

算法 3-1　HL-NCA 的训练过程

Input：会话集合 $U=\{S_1, S_2, \cdots, S_{|U|}\}$，物品类别标识 (v_i, c_{vi})；

Epochs：训练迭代次数；

φ：权衡参数；

Output：I：V 中的物品表示；

ψ：HL-NCA 模型中的可训练参数；

$G=\{V, \varepsilon\} \leftarrow$ 超图构建（U），其中 $\varepsilon=\varepsilon^S \cup \varepsilon^G \cup \varepsilon^C$

for epoch in range (Epochs) do

for e^{S_k} in ε^S do

　　x_i^0 = 初始化节点嵌入表示（v_i）基于公式（3-12）；

　　e_i^l = 超边信息聚合（N_i^τ）基于公式（3-13）（3-14）（3-15）；

　　x_i^l = 节点信息聚合（e_i^{l1}，e_i^{l2}）基于公式（3-16）；

　　从超边中恢复会话序列 $\{z_1, z_2, \cdots, z_n\}$；

　　位置嵌入矩阵 $P=[p_1, p_2, \cdots, p_n]$；

　　z_i = 物品表示（z_i，p_{n-i+1}）基于公式（3-17）；

　　u=用户在当前会话兴趣（z_i）基于公式（3-18）（3-19）；

　　$\widehat{y}_i$ = 预测（u，v_i）基于公式（3-20）；

　　模型损失计算损失基于公式（3-21）；

　end for

　使用反向传播算法优化模型可训练参数；

end for

return I 和 ψ

3.5　实验设计

在本节中，将从研究问题、数据集、基准模型、实验设置四个方面出发对 HL-NCA 模型的整体实验设计进行详细的介绍。

3.5.1 研究问题

通过探究以下四个研究问题来指导实验，同时验证提出的 HL-NCA 模型在真实数据集上的有效性：

研究问题 1：本研究提出的 HL-NCA 模型能否在真实数据集上表现的性能优于目前先进的推荐基准模型？

研究问题 2：物品的邻居信息和类别信息对 HL-NCA 性能的贡献有多大？

研究问题 3：控制邻居和类别信息融入程度的超参数 φ 的变化对 HL-NCA 的性能有何影响？

研究问题 4：超图学习层数的不同对于模型 HL-NCA 的影响是怎样的？

3.5.2 数据集

应用两个在会话型推荐研究中广泛使用的真实世界数据集 Diginetica 和 Cosmetics，来进行实验。

- Diginetica 数据集发布于 CIKM Cup 2016 竞赛，它记录了用户在一个电子商务平台上详细操作的行为数据，保留关于用户购买行为的相关记录用于实验。
- Cosmetics 数据集发布于 kaggle 竞赛，它记录了一个大型美妆网站中的用户行为，保留该网站在 2019 年 10 月一个月中的用户的添加购物车和购买行为相关信息用于实验。

为了更好地将数据集应用于推荐任务中，在训练前对数据集进行了预处理。具体来说，对会话序列进行数据增强以扩充训练数据规模。由于数据集中存在实验价值不太大的短会话和出现次数较少的物品，参考之前的工作，删除两个数据集中序列长度小于 2 的会话和在数据集中出现次数小于 10 的物品。预处理后的数据集详细信息如表 3-2 所示。

表 3-2 Diginetica 和 Cosmetics 数据集统计信息

统计信息	Diginetica	Cosmetics
#点击	855070	487701
#会话	187540	156922
#物品	24889	23194
#类别	721	301

续表

统计信息	Diginetica	Cosmetics
平均会话长度	4.56	6.74
每个类别的平均物品数	34.52	77.06
每个物品的平均点击次数	34.35	21.03

3.5.3　基准模型

为评估本研究提出的基于邻居和类别关联关系的超图会话型推荐模型的性能，将其与以下具有代表性的先进推荐基准模型进行比较：

- GRU4Rec[16] 使用循环神经单元对用户的物品交互序列进行建模，并据此生成推荐。
- NARM[3] 使用循环神经网络和注意力机制同时对全局和局部信息进行聚合，以获取用户的主要意图。
- SR-GNN[17] 将每个会话转换为会话图，并使用门控图神经网络建模图上物品之间的成对转换关系。
- GCE-GNN[18] 使用图神经网络同时获取物品之间的全局级别和局部级别的成对转换关系以建模用户的兴趣偏好。
- LESSR[19] 设计快捷图注意力和边序保留聚合层来解决会话型推荐领域使用图神经网络常出现的信息丢失问题，增强推荐系统性能。
- S^2-DHCN[9] 设计两个超图来建模物品之间的高阶关联关系，并采用自监督对比学习来增强物品表示。

3.5.4　实验设置

将 Diginetica 和 Cosmetics 数据集的前 70%会话用作训练集，20%作为调整模型和超参数的验证集，剩余的 10%作为反映模型性能的测试集。参考之前的工作[20]，将物品的嵌入表示维度设置为 128，批量大小规定为 100，学习率初始化为 0.001，使用 Adam 作为优化器来进行模型的训练与优化。推荐列表大小 K 被设置为 20 以进行模型性能评估。此外，利用网格搜索 {0.1，0.2，0.3，0.4，0.5，0.6，0.7，0.8，0.9} 中调整超参数 φ 的大小控制邻居和类别信息聚合的程度以找到 HL-NCA 在两个数据集上的最佳性能。

3.6 实验结果与讨论

在本节中，通过四个相关实验探究基于邻居和类别关联关系的超图（HL-NCA）模型的性能。具体来说，对比 HL-NCA 与先进的推荐基准模型在 Diginetica 和 Cosmetics 数据集上的表现，进行消融实验验证融入邻居和类别信息在模型性能提升上的效果，并探究模型在不同超参数大小、不同超图学习层数的表现。

3.6.1 综合性能

在两个真实数据集上将 HL-NCA 模型与先进的推荐基准模型在 Recall@20 和 MRR@20 评估指标方面进行比较。实验结果展现在表 3-3 中，其中每列中表现最佳的模型和最佳基准模型的结果分别以加粗和下划线表示。△表示 HL-NCA 相对于应用配对 t 检验的最佳基准模型的统计显著性（$p < 0.01$）。可以从中观察到以下结果：

表 3-3 HL-NCA 与基准模型的性能比较

数据集	Diginetica		Cosmetics	
	Recall@20	MRR@20	Recall@20	MRR@20
GRU4Rec	27.88	11.73	21.80	14.60
NARM	57.34	23.27	46.29	34.52
SR-GNN	56.80	22.87	48.01	<u>34.96</u>
GCE-GNN	60.29	<u>23.56</u>	<u>48.58</u>	22.65
S^2-DHCN	54.91	22.03	47.95	33.13
LESSR	<u>61.35</u>	22.64	46.32	24.97
HL-NCA	**61.75**△	**25.26**△	**52.31**△	**36.97**△

尽管 GRU4Rec 和 NARM 都是基于循环神经网络的会话型推荐模型，NARM 在两个数据集 Recall@20 和 MRR@20 评估指标上的表现都远远优于 GRU4Rec。

这是因为相比于 GRU4Rec 来说，NARM 模型在使用循环神经网络的基础上引入了注意力机制，能够借助注意力机制的优势更为准确地模拟用户的真实意图。在基于图神经网络的会话型推荐模型中，虽然同时使用全局信息和当前会话信息进行物品表示学习的 GCE-GNN 模型在大多数情况下的表现优于 SR-GNN，但在 Cosmetics 数据集 MRR@20 上的表现却不佳。这可能是由于其他会话中不相关的交互信息干扰到用户兴趣偏好的建模。此外，尽管 LESSR 模型解决了图神经网络中的信息丢失问题，但在相关数据集上同样表现不佳，这同样可能是由于额外的来自其他会话的不相关物品的干扰，导致模型不能准确地捕捉到用户在当前会话中的主要意图。

总的来说，本研究提出的 HL-NCA 方法在两个实验数据集 Diginetica 和 Cosmetics 的评估指标 Recall@20 和 MRR@20 方面都优于竞争基准模型，这证明了它在会话型推荐任务上的有效性。原因可归纳如下：引入物品的类别关系可以丰富物品表示学习，更为准确地模拟用户的真实意图。对比同为超图会话型推荐的 S^2-DHCN 来说，融合邻居和类别关联关系的超图方法表现更佳也可以证明这一点。S^2-DHCN 模型仅单一使用物品之间的邻居关联关系，忽略了物品之间的类别关系可以提供辅助的信息更为真实地模拟用户真实行为，而本研究提出的方法同时融入邻居和类别关系将会进一步丰富物品的表示学习。此外，超图推荐能够克服普通图学习只能表示成对转换关系的瓶颈，对比普通图来说，对邻居、类别等多类型物品间关联关系进行更准确的建模，从而生成更准确的推荐。

此外，HL-NCA 模型在 Diginetica 数据集上的 Recall@20 和 MRR@20 评估指标方面分别比最佳基准模型 LESSR 和 GCE-GNN 在性能上提高了 0.65% 和 6.73%，相应地改进在 Cosmetics 上分别表现为提升了 7.13%和 5.44%。可以发现，基于邻居和类别关联关系的超图会话型推荐模型在数据集 Diginetica 上 MRR@20 的改进率要大于 Recall@20 指标，这表明和命中推荐列表中的目标物品相比，本研究提出的模型可以更有效地将目标物品排列在正确的位置。但在数据集 Cosmetics 上的改进效果则相反，这一差别可能是由两个数据集自身的数据差异导致的。

3.6.2 消融实验

在本节中，设计了 HL-NCA 模型的三个变体，即 Base、Base-N 和 Base-C，通过在 Diginetica 和 Cosmetics 数据集上比较 HL-NCA 及其变体模型的实验效果来探索每种信息的贡献程度。具体来说，变体 Base 仅使用图注意力网络对当前会话序列进行建模，不使用不同会话之中的邻居以及物品的类别信息。Base-N

和 Base-C 分别代表从 HL-NCA 模型中去除类别信息聚合和邻居信息聚合部分。变体和 HL-NCA 在两个数据集上的实验结果如表 3-4 所示。

表 3-4　消融实验

数据集	Diginetica		Cosmetics	
	Recall@20	MRR@20	Recall@20	MRR@20
Base	58.77	24.15	49.64	35.97
Base-C	59.90	24.92	50.70	36.67
Base-N	60.97	25.04	51.30	36.73
HL-NCA	61.75	25.26	52.31	36.97

根据表 3-4 可以发现，物品的邻居和类别信息都有助于推荐模型性能的提升。此外，与移除物品的类别信息相比，移除物品的邻居信息会导致模型性能下降幅度更大。这可能是因为相较于类别信息来说，物品的全局邻居能够在推荐系统中能够发挥更重要的作用。与 HL-NCA 相比，Base-C 的模型性能在 Diginetica 数据集上的 Recall@20 和 MRR@20 评估指标方面分别下降了 3.00%和 1.35%，在 Cosmetics 数据集上相应地变化为 2.96%和 0.81%。同样，对比 HL-NCA 模型，Base-N 的性能在 Diginetica 上下降的幅度分别为 1.26%和 0.87%，在 Cosmetics 上则相应地下降了 1.76%和 0.65%。通过实验结果可以明显看出，物品的邻居信息和类别信息在提高推荐模型性能上的有效性，并且对在推荐列表中正确命中下一个物品的贡献大于将其排在正确的位置。同时，由于超图结构的特性，可以为当前会话中的物品引入全局级别的邻居和类别相关信息，对比只使用普通图神经网络进行学习的 Base 模型来说，应用超图这一框架实现推荐模型的性能得到明显提升。

3.6.3　超参数 φ 分析

在提出的 HL-NCA 模型中，在公式（3-16）中引入了一个超参数 φ 来控制邻居信息和类别信息参与节点表示更新的程度。具体来说，通过在｛0.1，0.2，0.3，0.4，0.5，0.6，0.7，0.8，0.9｝中调整超参数 φ 的大小来测试 HL-NCA 的性能，以研究融入物品的邻居和类别信息的程度大小对推荐模型性能的影响。实验结果如图 3-5 所示。

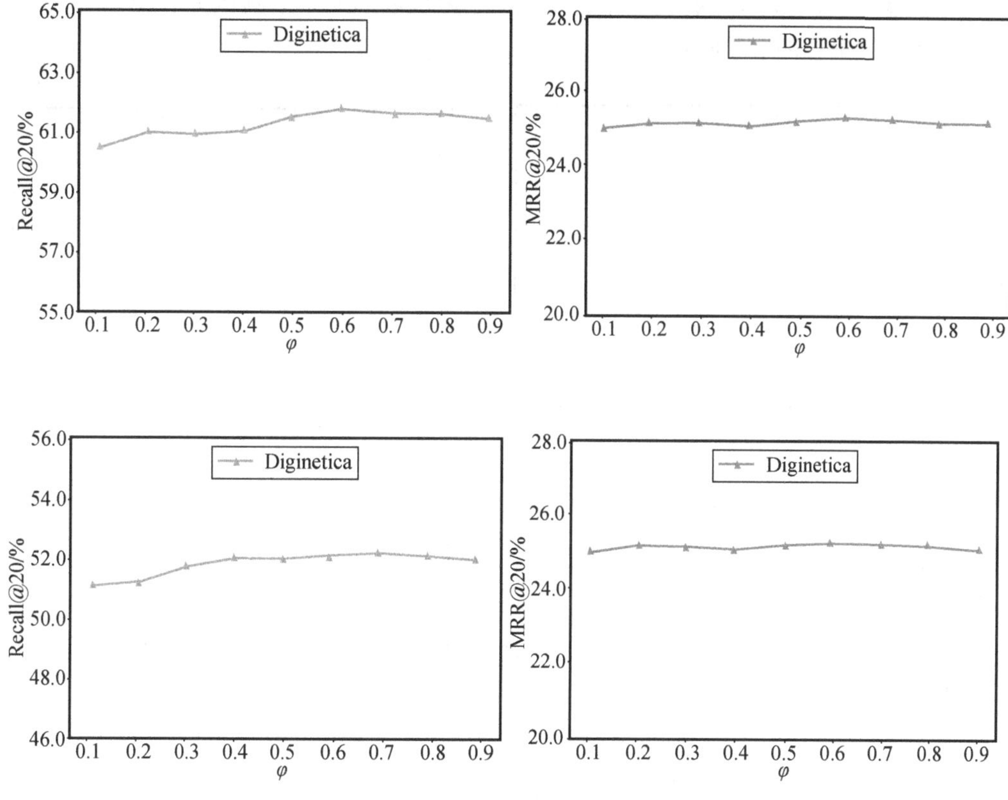

图 3-5　超参数 φ 对模型性能的影响

根据图 3-5 中呈现的实验结果可以发现，引入适当程度的邻居和类别信息可以有效地提升推荐系统的性能。这是因为可以根据物品间的邻居和类别关联关系引入其他会话中的全局级邻居和相同类别的信息从而丰富物品的表示学习，使得用户兴趣偏好建模更接近真实的用户行为模式。在两个数据集上，随着 φ 的增大，HL-NCA 在 Recall@20 和 MRR@20 评估指标上的性能均呈现先上升后下降的趋势。具体来说，在 Digientica 数据集上，当 φ 为 0.6 时模型性能最佳；在 Cosmetics 数据集上，则是 φ 为 0.7 时模型性能达到最佳。与 Diginetica 数据集相比，Cosmetics 需要更多的邻居信息，这可能是由于 Cosmetics 中物品的平均点击次数较少，因此需要更多的邻居信息来丰富表示。此外，可以看到在两个数据集中都需要更多的邻居信息，这也与 3.6.2 节中消融实验所呈现出的邻居信息对提高推荐模型性能贡献更大的结果相一致。

3.6.4　超图学习层数分析

本节进行实验来探究超图学习层数对于 HL-NCA 模型性能的影响。具体来说，通过在｛1，2，3，4，5｝中调整超图学习层数的大小来测试 HL-NCA 的性能。实验结果如图 3-6 所示。

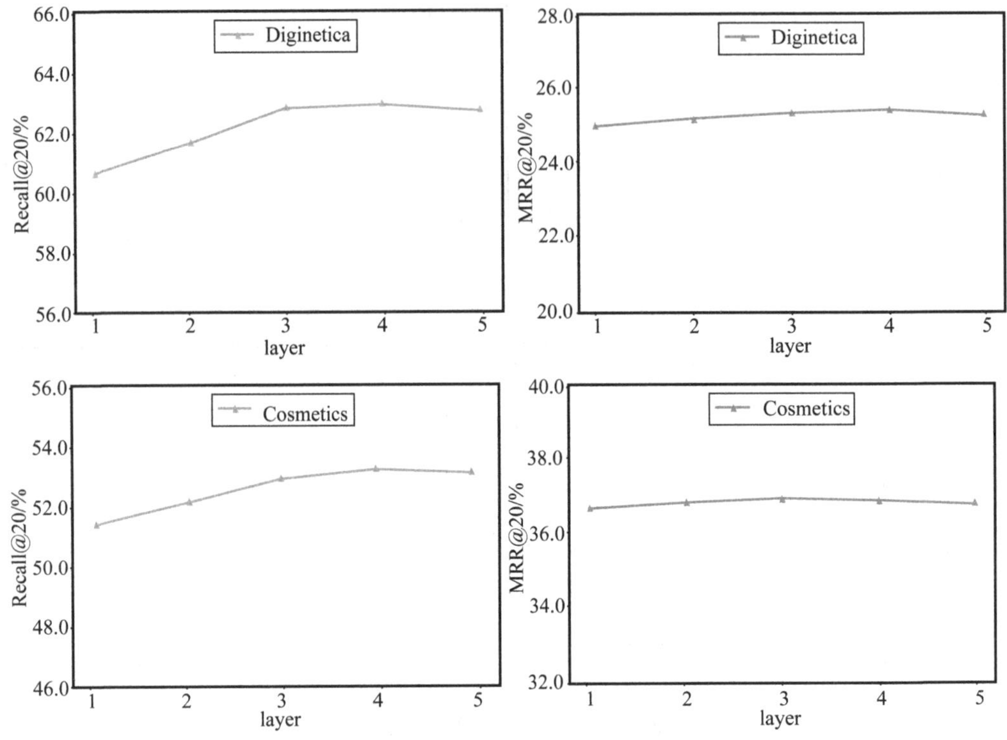

图 3-6　超图学习层数对模型性能的影响

根据图 3-6 中呈现的实验结果，可以看到随着超图学习的层数增加，在两个数据集的 Recall@20 和 MRR@20 评估指标上都呈现先上升后下降的趋势。具体来说，当层数为 4 时，Diginetica 数据集上 HL-NCA 模型在两个评估指标上的表现都达到最佳。但在 Cosmetics 数据集上，当层数为 4 时，模型在 Recall@20 评估指标上表现最佳，而在 MRR@20 上则是层数为 3 时性能最优。在数据集上出现这种变化趋势的原因可能是，随着层数的增加，物品通过超图学习到的表示更加准确，推荐系统表现更佳。但当层数达到一定大小时，不可避免地会出现深度图神经网络常面临的过度平滑问题，学习到的物品表示出现显著相似性，进而会导致模型性能的下降。

3.7 本章小结

在本章中，提出了一种基于邻居和类别关联关系的超图（HL-NCA）模型，用于会话型推荐。具体来说，设计了一个具有三种超边，分别为会话、邻居和类别超边的超图，以反映信息间多类型关联关系，旨在解决普通图只能建模物品间成对转换关系的瓶颈，进一步考虑信息间真实多元关系。接着通过基于注意力机制的超边信息聚合和节点表示更新得到超图中的节点表示，将其与反向位置嵌入向量相结合获得信息的最终表示并生成用户在当前会话的兴趣偏好，使用交叉熵损失计算得到模型损失以进行模型的训练与优化。在两个公开的真实电子商务数据集 Diginetica 和 Cosmetics 上进行的系列实验结果证明了本研究提出的 HL-NCA 模型在会话型推荐上的有效性，并验证了物品间的邻居和类别关联关系对于模型性能的贡献。未来在此基础上，计划进一步探讨物品间更多类型的关联关系，例如价格标签、功能等，旨在更为准确地模拟用户的真实交互行为模式。

本章参考文献

[1] 葛尧，陈松灿. 面向推荐系统的图卷积网络 [J]. 软件学报，2020，31（4）：1101- 1112.

[2] RENDLE S，FREUDENTHALER C，SCHMIDT-THIEME L. Factorizing personalized Markov chains for next-basket recommendation [C] // Proceedings of the 19th International World Wide Web Conference（WWW' 10）. 2010：811-820.

[3] LI J，REN P J，CHEN Z M，et al. Neural attentive session-based recommendation [C] // Proceedings of the 26th ACM International Conference on Information and Knowledge Management（CIKM' 17）. 2017：1419-1428.

[4] QIU R H，HUANG Z，LI J J，et al. Exploiting cross-session information for session-based recommendation with graph neural networks [J] . ACM Trans. Inf. Syst，2020，38：1-22.

[5] GAO Y，ZHANG Z Z，LIN H J，et al. Hypergraph learning：methods and practices [J] . IEEE Trans. Pattern Anal. Mach. Intell，2022，44：2548-2566.

[6] FANG Q，SANG J T，XU C S，et al. Topic-sensitive influencer mining in interest based social media networks via hypergraph learning [J] . IEEE Trans. Multim，2014，16：796-812.

[7] LI D, XU Z M, LI S, et al. Link prediction in social networks based on hypergraph [C] // Proceedings of the 22nd International World Wide Web Conference (WWW' 13). 2013: 41-42.

[8] WANG J L, DING K Z, HONG L J, et al. Next-item recommendation with sequential hypergraphs [C] // Proceedings of the 43rd International ACM SIGIR conference on research and development in Information Retrieval (SIGIR' 20). 2020: 1101-1110.

[9] XIA X, YIN H Z, YU J L, et al. Self-supervised hypergraph convolutional networks for session-based recommendation [C] // Proceedings of the 35th AAAI Conference on Artificial Intelligence (AAAI' 21). 2021: 4503-4511.

[10] ZHANG X K, XU B, YANG L, et al. Price DOES matter!: modeling price and inter-est preferences in session-based recommendation [C] // Proceedings of the 45th International ACM SIGIR Conference on Research and Development in Information Retrieval (SIGIR' 22). 2022: 1684-1693.

[11] LI Y F, GAO C, LUO H L, et al. Enhancing hypergraph neural networks with intent disentanglement for session-based recommendation [C] // Proceedings of the 45th International ACM SIGIR Conference on Research and Development in Information Retrieval (SIGIR' 22). 2022: 1997-2002.

[12] FANG Y C, ZHENG Y D. Metric learning based on attribute hypergraph [C] // Proceedings of the IEEE International Conference on Image Processing (ICIP' 17). 2017: 3440-3444.

[13] GAO Y, WANG M, ZHA Z J, et al. Visual-textual joint relevance learning for tag-based social image search [J]. IEEE Trans. Image Process, 2013, 22: 363-376.

[14] SU L F, GAO Y, ZHAO X B, et al. Vertex-weighted hypergraph learning for multi-view object classification [C] // Proceedings of the Twenty-Sixth International Joint Conference on Artificial Intelligence (IJCAI' 17). 2017: 2779-2785.

[15] ZHANG Z Z, LIN H J, GAO Y. Dynamic hypergraph structure learning [C] // Proceedings of the 27th International Joint Conference on Artificial Intelligence (IJCAI' 18). 2018: 3162-3169.

[16] HIDASI B, KARATZOGLOU A, BALTRUNAS L, et al. Session-based recommendations with recurrent neural networks [C] // Proceedings of the 4th International Conference on Learning Representations (ICLR' 16). 2016.

[17] WU S, TANG Y Y, ZHU Y Q, et al. Session-based recommendation with graph neural networks [C] // Proceedings of the 33rd AAAI Conference on Artificial Intelligence, (AAAI' 19). 2019: 346-353.

[18] WANG Z Y, WEI W, CONG G, et al. Global context enhanced graph neural net-

works for session-based recommendation [C] // Proceedings of the 43rd International ACM SIGIR conference on research and development in Information Retrieval (SIGIR' 20). 2020: 169-178.

[19] CHEN T W, WONG R C. Handling information loss of graph neural networks for session-based recommendation [C] // Proceedings of the 26th ACM SIGKDD Conference on Knowledge Discovery and Data Mining (KDD' 20). 2020: 1172-1180.

[20] XU C F, ZHAO P P, LIU Y C, et al. Graph contextualized self-attention network for session-based recommendation [C] // Proceedings of the 28th International Joint Conference on Artificial Intelligence (IJCAI' 19). 2019: 3940-3946.

第 4 章　基于分层注意力机制的查询推荐方法

4.1 引　　言

查询推荐可以帮助用户重新修改他们输入的查询。传统的查询推荐方法大都是基于特征挖掘的方法，例如 Learning to Rank 或者概率图模型。这些特征表现了用户和查询词之间的关联关系，常用的特征包括点击和停留时间等[1]。但是这种特征的挖掘往往都是人为定义和建模的，很可能有一些隐藏的特征没有被挖掘。基于 RNN 的方法可以很好地对时间序列数据进行建模，从而对下一个可能的查询项进行预测。然而现有的基于 RNN 的方法都只关注了当前的短期查询会话，使用会话内的查询作为查询推荐的上下文[2]。

本章的目标旨在提出一个查询推荐模型能够同时从当前查询会话中捕捉用户短期意图，也能从历史会话中获得用户长期偏好。因此本章提出了一个基于分层注意力机制的查询推荐方法（attention-based hierarchical neural query suggestion，AHNQS)，其中分层的机制包括一个会话层的 RNN 网络和一个用户层的 RNN 网络。会话层用于对用户的短期查询记录建模，从而预测用户下一个可能的查询；用户层对用户的历史查询会话进行建模，获取用户长期偏好表征。我们将会话层 RNN 的隐藏层状态作为用户层 RNN 的输入；同样，用户层 RNN 输出用来表征用户偏好的特征向量可以用来初始化该用户下一个短期会话的会话层 RNN 网络。

除此之外，本章运用了一个注意力机制来更好地捕捉用户的偏好信息，我们认为在一个会话中，不同的查询表达了用户不同的意图[3]，同时在表达用户兴趣爱好时也具有不同的权重，例如被用户点击的查询可能更能表现用户的查询意图。注意力机制可以给会话中不同的查询分配不同的权重，这样不同查询的隐藏向量以不同的权重组合成新的查询会话的状态向量，我们将该状态向量称为本地查询会话状态 S_{local} ，S_{local} 的优点是给它可以自适应地关注更加重要的查询，捕获用户在当前会话中的主要意图；此外将会话级 RNN 的最终隐藏状态视为全局会话状态 S_{global} ，将其视为整个查询会话的概括，我们将这两个状态结合形成最终的查询会话状态 S_{combined} ，将其作为用户层 RNN 的输入。

本章衡量了 AHNQS 的效果，在 AOL 数据集上进行了实验，实验结果表明我们的方法比现有基于查询推荐方法要好，包括传统查询推荐方法以及基于 RNN 的查询推荐方法。就查询推荐的准确率而言，在 MRR@10 指标和 Recall@10 指标上，AHNQS 比最优基线模型提高了 9.66%和 12.51%。此外，本章还研究了不同会话状态对查询推荐性能的影响。结果表明了在组合会话状态下的 AHNQS 模型的效果最优。同时，本章还测试了在用户交互历史中具有不同会话数时，AHNQS 模型的推荐效果。实验结果表明，对于不同活动程度的用户，即具有不同数量的历史会话，AHNQS 的性能均优于最好的基线模型。

本章的主要贡献包括：

①提出了一个基于分层注意力机制的查询推荐方法解决查询推荐问题，该模型中包含了用户注意力机制和分层架构；

②分析了不同的会话长度对查询推荐性能的影响，本章提出的 AHNQS 效果在不同长度的会话上推荐性能均优于基线模型，尤其对于短会话的推荐场景；

③分析了不同的历史会话数量对查询推荐模型性能的影响，本章提出的 AHNQS 均优于基线模型，尤其对于一些历史查询会话较少的用户，AHNQS 模型查询推荐的优势更加明显。

4.2 相关工作分析

查询推荐任务可以帮助用户提升使用搜索引擎的体验。如何帮助用户重构一个更能体现他们查询意图的查询词受到学者广泛关注[4-7]。近年来，深度学习技术已被应用于一系列信息检索任务，帮助系统更好地理解用户的搜索行为[2,8]。本节对相关的传统查询推荐方法和基于神经网络的查询推荐方法进行分析介绍。

4.2.1 传统查询推荐方法

仅依赖于查询实现的查询推荐方法不能为用户提供个性化的推荐查询词，该方法会向不同的用户提供相同的查询推荐列表[1]。因此，搜索引擎中记录的用户查询日志是挖掘不同用户的搜索行为的重要数据来源。可以将查询日志划分为许多单独的查询会话，每个查询会话由一段时间间隔内的某个用户提交的查询词序列组成。这样用户提交过的查询词可以为当前查询推荐提供有效的上下文信息，从而缩小当前查询中可能存在歧义信息，产生更准确的推荐[9]。He 等人提出了一种上下文感知的查询推荐方法，该方法使用可变记忆马尔可夫模型（variable memory Markov model，QVMM）并构建后缀树对用户查询序列进行建模[10]。Cao 等人提出的方法是类似的，但他们在查询簇上构建后缀树，并模拟簇之间的传递关系[11]。但是这两种方法参数的数量随着树的深度加深而增加。相反，本章提出的模型在面对不同长度上下文时，使用固定数量的参数。文献［12，13］中也提出使用 Learning to Rank 的方法实现查询推荐。然而，这些方法需要使用成对的特征进行训练，不能有效地利用历史查询信息。

还存在一些基于查询－URL 二部图的个性化查询推荐方法，根据点击数据构建二部图，其中一种类型的顶点对应于查询，另一种类型的顶点对应于 URL。这些查询推荐方法使用点击图来表示信息传递过程，采用马尔可夫随机游走模型对该过程进行建模[14,15]。例如，Ma 等人从点击数据中构建的两个二部图（用户－查询和查询－URL 二部图），提出两层查询推荐方法[16]。Li 等人设计一个两阶段算法来建模使用查询－URL 二部图的连接关系并进行查询推荐，提高个性化查询推荐的有效性[17]。Mei 等人提出了一种个性化的查询建议方法，利用点击时间以及在点击图中创建伪查询节点[18]。然而这些基于点击图的方法无法提取用户长期和短期搜索历史的特征并有效地将它们组合在一起。

与传统工作不同，本章的方法使用会话级和用户级 RNN 来模拟用户的短期和长期搜索历史，从而以一种有效的方式提取序列行为特征。此外，我们还将这两个层级的 RNN 集成在一个层次结构中，以有效地结合短期和长期搜索行为，并且在层次结构内部还应用注意机制以有效地捕获用户的查询意图。

4.2.2 基于神经网络的查询推荐方法

神经网络已应用于信息检索的各种任务中，包括文档排序、查询理解到用户建模[2,19-21]。我们的方法在某种程度上与文献［21］工作的思想具有一定的相似性，该工作使用基于神经网络的点击模型并且使用分布式表示来建模用户搜索行为。本章的工作将用户的短期和长期搜索行为建模为可以表示用户查询意图的状态向量。这种表示包含的信息更加丰富，比传统方法可以捕获更复杂的用户行为模式。

在查询词自动补全（query auto completion，QAC）上也有类似的工作。查询词自动补全可以看作为一种特殊类型的查询推荐，它根据输入的查询词前缀进行查询推荐。基于深度学习的 QAC 模型可以分为两类：带有卷积神经网络的语义模型和带有递归神经网络的语言模型[22,23]。对于基于 RNN 的模型，查询词补全的概率与查询的长度紧密相关，因此其效果在较短的查询词补全上较好[24]。使用基于 RNN 和 CNN 网络提取的特征，一种基于 Learning to Rank 的方法在查询词自动补全任务上取得了较好的效果，但该方法的计算成本较高[24]。

对于查询推荐任务，Sordoni 等人提出了基于分层递归编码－解码查询推荐生成模型，该工作提出了一种分层神经网络架构，并用它来产生查询推荐[25]。但是它与我们的工作不同。一方面，它将神经查询推荐模型作为一种特征结合到 Learning to Rank 方法中，因此该方法属于特征工程方法；另一方面，这种方法只考虑用户的短期搜索历史，忽略了长期搜索行为。

此外，Quadrana 等人提出了一种基于神经分层会话的推荐方法，该方法与本章的模型有相似之处[26]。但是，本章所提模型在层次结构中使用了注意机制，该机制可以捕获用户对会话中不同查询的偏重程度。此外，我们还提出了一个组合会话状态，以捕获用户在当前会话中的序列行为和主要意图，在本章的实验中也证明了该方法可以有效提高查询推荐性能。

4.3　模型描述

在介绍 AHNQS 模型之前，我们首先引入了一个基于会话层 RNN 的查询推荐模型（neural query suggestion，NQS），以及一个基于用户－会话 RNN 的分层查询推荐模型（hierarchical neural query suggestion，HNQS）。

4.3.1　基于会话层 RNN 的查询推荐

在基于会话层 RNN 的查询推荐模型（NQS）中[27]，我们将当前会话中的查询形成一个序列输入 RNN 中，输出为下一时刻候选查询推荐的概率。

基于会话层 RNN 的查询推荐方法框架如图 4-1 所示，其中，假设一个查询会话中有 N_t 个查询，表示为 $\text{Session}_t=(q_{1,t}, q_{2,t}, q_{3,t}, \cdots, q_{N_t,t})$。为了得到输入该 RNN 的初始表示，对每个查询采用 1-of-N 编码的方式进行初始编码。采用门控循环单元（gated recurrent unit，GRU）[28] 进行非线性传递关系的建模，其中隐藏层的状态可以通过下式计算：

$$j_n=(1-u_n)h_{n-1}+u_n\hat{h}_n \tag{4-1}$$

其中更新门 u_n 由下式产生：

$$u_n=\sigma(I_u q_{n,t}+H_u h_{n-1}) \tag{4-2}$$

候选隐藏层向量 $\hat{h}_n$ 可以由下式产生：

$$\hat{h}_n=\tanh(Iq_{n,t}+H(r_n\cdot h_{n-1})) \tag{4-3}$$

重置门 r_n 可以由下式得到：

$$r_n=\sigma(I_r q_{n,t}+H_r h_{n-1}) \tag{4-4}$$

其中，I_r，I_u，$I\in\mathbb{R}^{d_h\times V}$，$H_r$，$H_u$，$H\in\mathbb{R}^{d_h\times d_h}$，$d_h$ 是隐藏层向量的维度，$\sigma(\cdot)$ 为 sigmoid 函数，$q_{n,t}$ 是当前会话中第 n 个查询。

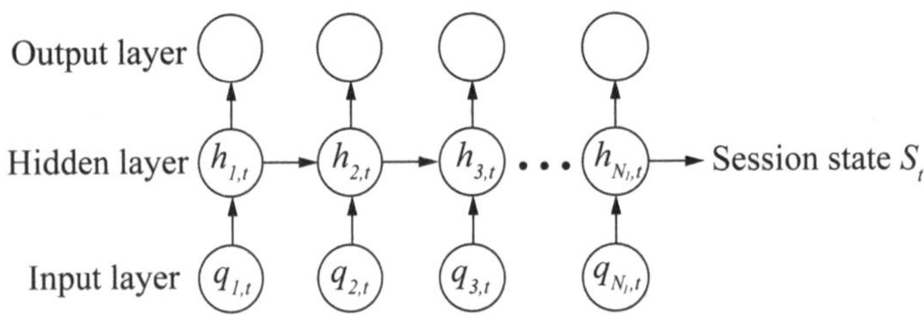

图 4-1　NQS（neural-based query suggestion）模型结构

本节用 $\text{RNN}_{\text{session}}$ 和 RNN_{user} 分别表示 GRU 函数，用会话层 RNN 的最后一个隐藏状态向量表示当前的会话状态，即 $S_t=h_{N_t,t}$。该网络的输出为预测下一个查询推荐项的得分：

$$s_{n,t}=g(W_i h_{n,t}) \tag{4-5}$$

其中，$g(\cdot)$ 表示输出层的激活函数，可以是 sofmax 或者 tanh，依赖于该网络使用的损失函数形式。$W_i\in\mathbb{R}^{V\times d_h}$ 是可学习的参数。

我们选用成对比较的损失函数，因为这样可以让正样本得分比负样本高，排在列表靠前的位置，从而提高用户的使用满意度。一般在推荐系统中，大都采用交叉熵或者 TOP1 的损失函数[29]，TOP1 的效果通常更好，因此，我们采用以下的损失函数：

$$\text{Loss}=\frac{1}{N_S}\cdot\sum_{j=1}^{N_S}\sigma(s_{j,t}-s_{i,t})+\sigma(s_{j,t}^2) \tag{4-6}$$

其中，$s_{j,t}$ 和 $s_{i,t}$ 分别表示负样本和正样本的得分，N_S 为采样的负样本的个数，即非用户提交或输入的查询；$\sigma(\cdot)$ 为 sigmoid 函数。

4.3.2　基于分层用户—会话 RNN 的查询推荐

基于会话 RNN 的查询推荐方法只对用户的短期查询记录进行了建模，忽略了用户的长期查询记录，因此我们采用一个用户层 RNN 对给定用户的长期查询历史进行建模。本节提出了分层的 NQS 方法，即 HNQS。

假设一个用户 u 包含 N_u 个查询会话，将其表示为 $u(\text{session})=(\text{session}_{1,u}, \text{session}_{2,u}, \cdots, \text{session}_{N_u,u})$。如图 4-2 所示，其中用户 RNN 层的输入为用户一个会话的状态向量 S_t，用户 RNN 层的更新为：

$$h_{n,u}=\text{RNN}_{\text{user}}(h_{n-1,u}, S_{n,u}) \tag{4-7}$$

其中，$S_{n,u}$ 是用户 u 第 n 个查询会话的状态向量。

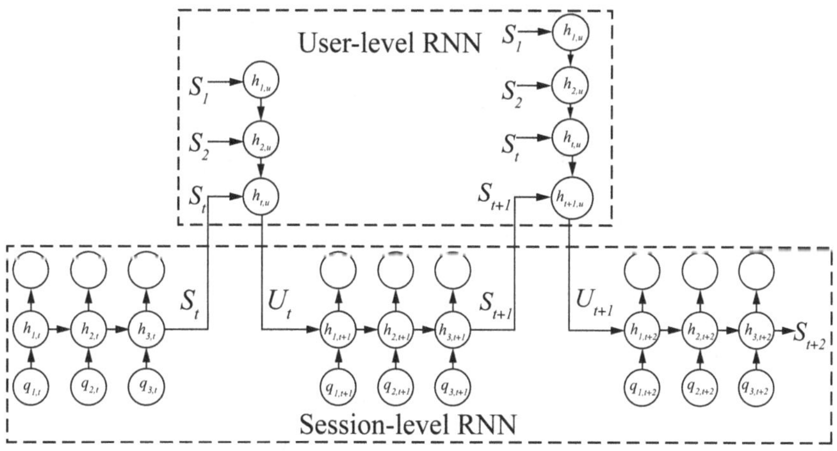

图 4-2　HNQS（hierarchical NQS）模型结构

如图 4-2 所示，我们用用户层 RNN 最后的隐藏层状态向量表示用户长期偏好，即 $U_t=h_{t,u}$，包含了用户历史查询信息，因此可以将其输入会话层 RNN，用来引入用户的长期检索偏好信息，在 HNQS 模型中，会话层 RNN 采用用户偏好表征进行初始化：

$$h_{0,t+1}=\tanh(W\cdot U_t+b_0) \tag{4-8}$$

其更新为：

$$h_{n,t}=\text{RNN}_{\text{session}}(h_{n-1}, q_{n,t}) \tag{4-9}$$

输出为：

$$s_{n,t}=g(W_i h_{n,t}) \tag{4-10}$$

通过这种初始化策略，可以将用户的长短期意图结合起来。此处我们只在会话层 RNN 的初始化过程中结合用户状态向量 U_{t-1}，而不是将 U_{t-1} 与会话层 RNN 全过程都结合，因为如果将 U_{t-1} 与会话层 RNN 的初始化、更新以及输出过程都进行结合，将会导致用户状态信息过载，限制模型的性能。GRU 单元兼具长短期记忆[30]，并且能够自动在网络中传输用户状态信息，将其与这种初始化策略相结合能够有效提升模型性能。

4.3.3 基于分层注意力机制的查询推荐

我们认为在一个会话中，不同的查询表达了不同的用户意图，同时在表达用户兴趣爱好时也具有不同的权重，例如被用户点击的查询可能更能表现用户的查询意图。注意力机制可以给不同的查询分配不同的权重，这样不同查询的隐藏向量以不同的权重组合成新的查询会话的状态向量。具体如图 4-3 所示，我们在 HNQS 的基础上使用注意力机制。

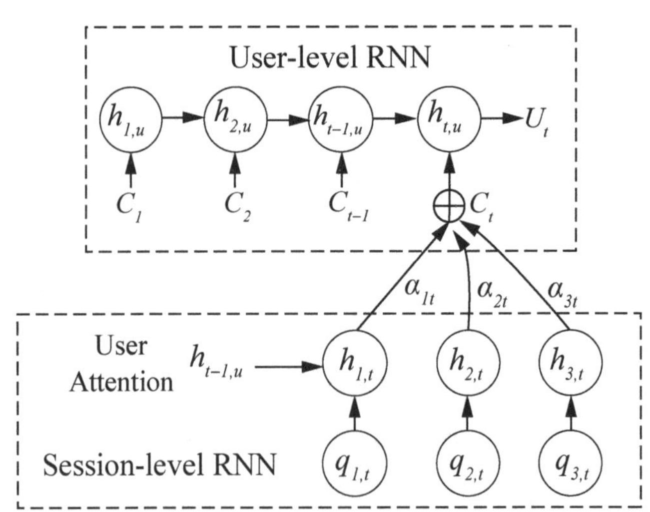

图 4-3 AHNQS（attention-based hierarchical NQS）中的注意力机制

在用户层，用户状态信息的更新如下：

$$h_{t,u}=\mathrm{RNN}_{\mathrm{user}}(h_{t-1,u}, C_t) \tag{4-11}$$

其中，C_t 是会话的注意力状态表征，由不同的隐藏层状态向量加权得到：

$$C_t=\sum_{j=1}^{N_t}\alpha_{jt}h_{j,t} \tag{4-12}$$

其中，α_{jt} 是归一化后的注意力权重，表示 session_t 中第 j 个查询对表达当前用户意图的重要度：

$$\alpha_{jt}=\frac{\exp(e_{jt})}{\sum_{k=1}^{M}\exp(e_{kt})} \tag{4-13}$$

$$e_{jt}=h_{t-1,\,u}^{T}W_a h_{jt} \tag{4-14}$$

其中，参数 W_a 可以通过模型训练进行学习。

对于基于查询会话的查询推荐，会话层 RNN 的最后一个隐藏层的状态表达了对整个查询会话的总结信息，而基于注意力机制得到的查询会话状态则可以很好地捕捉到用户的主要关注点和主要查询意图。我们将这两种查询状态相结合，形成新的查询会话状态表达，具体如图 4-4 所示。

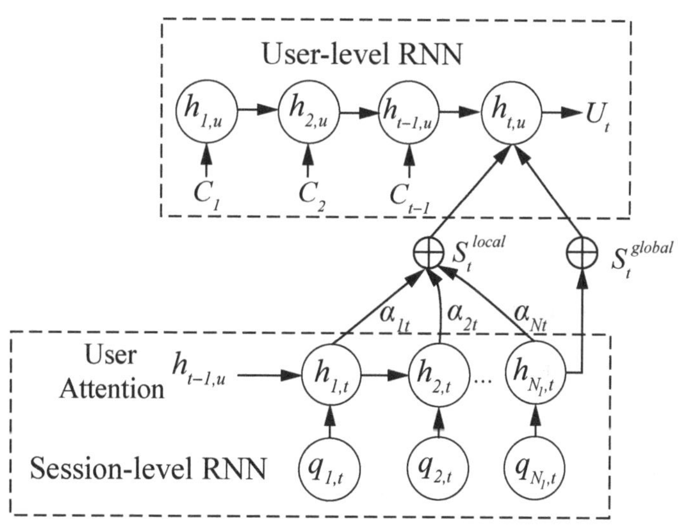

图 4-4　具有组合会话状态的 AHNQS 模型结构

我们将查询会话的全局表示为 $S_t^{\text{global}}=h_{N_t,\,t}$，本地表示为 $S_t^{\text{local}}=C_t$，组合后生成新的会话表示为：

$$S_t^{\text{comb}}=[S_t^{\text{global}};\ S_t^{\text{local}}]W_b^{\text{T}}=[h_{N_t,\,t};\ \sum_{j=1}^{N_t}\alpha_{jt}h_{j,\,t}]W_b^{\text{T}} \tag{4-15}$$

其中，W_b 是用来使 S_t^{comb} 与 S_t^{global} 和 S_t^{local} 的维度保持一致。用户层 RNN 中的隐藏层可以通过组合后的会话表示进行更新：

$$h_{t,\,u}=\text{RNN}_{\text{user}}(h_{t-1,\,u},\ S_t^{\text{comb}}) \tag{4-16}$$

至此我们得到了基于分层注意力机制的查询推荐模型，其中分层架构分别建模了用户长期和短期历史行为，注意力机制则用于捕获当前会话中用户的主要意图。

4.3.4 算法流程

AHNQS模型的训练过程如算法4.1所示。首先我们在步骤1中初始化会话层RNN和用户层RNN的参数，然后对于会话层RNN，使用前一个用户状态向量U_{t-1}对其进行初始化，计算会话层RNN的隐藏层状态，如步骤7所示。在步骤8和步骤9中分别计算下一个查询推荐的得分以及模型的损失函数。对于用户层RNN，在步骤12和步骤13中计算注意力权重，在步骤14至步骤16中计算得到组合后的会话表示S_t^{comb}，在步骤17和步骤18中对用户层RNN的隐藏层状态进行更新，并得到用户状态向量。

算法4.1 AHNQS模型算法

Input：训练次数：Epochs 用户集合：U 用户u的会话集合：u(session) u(session)中的第t个会话：session_t session_t中的第i个查询：$\text{query}_{i,t}$ session_t中的会话数量：N_t 查询候选中的负样本数量：N_S
Output：会话级RNN和用户级RNN的优化参数
1：随机初始化会话级RNN和用户级RNN中的参数和隐藏状态
2：**for** epoch in range (Epochs) do
3：　**for** $u \in U$ do
4：　　**for** $\text{session}_t \in u(\text{session})$ do
5：　　　**for** $\text{query}_{i,t} \in \text{session}_t$ do
6：　　　　$h_{0,t} = \tanh(W \cdot U_{t-1} + b_0)$
7：　　　　$h_{i,t} = RNN_{\text{session}}(h_{i-1,t}, q_{i,t})$
8：　　　　$s_{i,t} = g(W_i h_{i,t})$ ；%%下一个查询的预测分数
9：　　　　$\text{Loss} = \frac{1}{N_s} \cdot \sum_{i=1}^{N_S} \sigma(s_{j,t} - s_{i,t}) + \sigma(s_{j,t}^2)$
10：　　　　使用反向传播优化参数
11：　　　**end for**
12：　　　$e_{jt} = h_{t-1,u}^T W_a h_{jt}$

续表

$\alpha_{jt} = \frac{\exp(e_{jt})}{\sum_{k=1}^{N_t} \exp(e_{kt})}$ ；%%注意力机制
$S_t^{\text{local}} = \sum_{j=1}^{N_t} \alpha_{jt} h_{j,t}$
$S_t^{\text{global}} = h_{N_t, t}$
$S_t^{\text{comb}} = [S_t^{\text{global}}; S_t^{\text{local}}] W_b^{\mathrm{T}}$
$h_{t,u} = \mathrm{RNN}_{\text{user}}(h_{t-1,u}, S_t^{\text{comb}})$
$U_t = h_{t,u}$
end for
end for
end for
return 会话级 RNN 和用户级 RNN 的参数

4.4　实验设置

4.4.1　实验研究问题

研究问题 1：在 AHNQS 模型中，分层架构和注意力机制能否提高模型的查询推荐效果，对比现有模型，AHNQS 表现如何？

研究问题 2：随着查询会话的长度的变化，模型的查询推荐效果如何改变？

研究问题 3：不同的查询会话状态表征，即 S_t^{comb}、S_t^{global} 和 S_t^{local}，对模型有什么影响？

研究问题 4：我们的模型效果随着用户历史查询会话数量的变化如何改变？

4.4.2　实验数据集

我们使用 AOL 查询日志，并按照文献［31］对数据集进行预处理。对查询会话的划分，按照用户两次交互间的时间间隔超过 30 分钟时，我们认为用户开启了一个新的查询会话。我们删除出现次数少于 20 次的查询，并保留查询个数不少于 5 次的会话以及至少有 5 个查询会话的用户，以提供足够的用户会话信息。训练集包括查询历史记录中除最后 30 天外的所有数据；测试集为查询记录的最后 30 天数据，同时将不存在于训练集中的查询过滤。表 4-1 详细说明了所使用的数据集的统计信息。

表 4-1　数据集的统计信息

变量	训练数据	测试数据
#查询	1545543	576817
#独特查询	61641	33519
#会话	166414	67716
#用户	23308	19255
#每个会话的平均查询	9.28	8.52
#每个用户的平均会话	7.14	3.52

为了回答研究问题 4，我们在图 4-5 中展示了 AOL 数据集中具有不同查询会话数量的用户的分布情况。其中 x 轴表示会话数量，y 轴表示有相应会话数量的用户数量。我们可以看到，尽管用户拥有的最多的查询会话数量高达 150 多个，但是数据集中大部分用户都只有少量的查询会话数量，我们认为该部分用户为“非活动用户”。具体来说，60.49%的用户查询会话数量少于 8 个，32.33%的用户查询会话的数量在 8—20 个，只有 7.18%的用户有超过 20 个查询会话。因此探索模型在不同活跃程度用户（具有不同数量的查询会话）上的表现具有一定的研究意义。

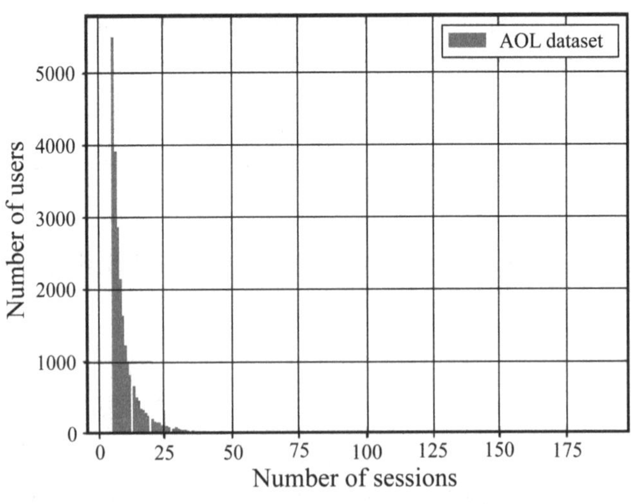

图 4-5　AOL 数据集中不同会话次数用户的分布情况

4.4.3 其他比较算法

我们将 AHNQS 与传统查询推荐的方法以及基于神经网络的方法进行对比，同时考察不同的查询会话状态表征下 AHNQS 模型的性能。文献［25］提出将神经网络模型抽取结果作为一维特征输入到 Learning to Rank 的框架中，该方法属于特征工程领域，因此我们没有将其作为基线模型进行对比。本节对比的基线模型包括：

- ADJ：一种基于查询共现度的方法[32]；
- NQS：一种基于会话层 RNN 的查询推荐方法[29]；
- HNQS：一种基于分层架构的神经网络查询推荐方法。

除此之外，我们考虑两个 AHNQS 模型的变体：

- $AHNQS_{local}$：一种基于 AHNQS 的查询推荐方法，以 S_{local} 为查询会话的状态；
- $AHNQS_{combined}$：一种基于 AHNQS 的查询推荐方法，以 $S_{combined}$ 为查询会话的状态。

4.5 实验结果分析与讨论

4.5.1 总体表现分析

为了回答研究问题 1，我们将所有基线模型与 $AHNQS_{local}$ 和 $AHNQS_{combined}$ 模型结果进行对比，并在表 4-2 中展示。

表 4-2　各个查询推荐模型的表现

模型	Recall@10	MRR@10
ADJ	0.7072	0.6922
NQS	0.6444	0.6148
HNQS	0.8138	0.7874
$AHNQS_{local}$	0.8618	0.8514
$AHNQS_{combined}$	0.8924	0.8859

如表 4-2 所示，在所有基线模型中，ADJ 效果优于 NQS，在 Recall@10 和 MRR@10 指标上分别提高 9.74%和 12.58%。这可能是因为 NQS 模型忽略了历史查询之间的相关关系。HNQS 比 ADJ 模型效果更优，在 Recall@10 和 MRR@10 指标上分别提高 15.07%和 13.75%。这也表明采用分层架构将用户长短期历史进行结合有助于提高查询推荐的准确性。在后面的实验中，我们将 HNQS 作为最优基线模型进行对比分析。

在表 4-2 可以看到，AHNQS 模型优于 HNQS 以及 ADJ 模型。具体来说，$AHNQS_{local}$ 在 Recall@10 和 MRR@10 指标上较 ADJ 分别提高了 21.86%和 22.99%，较 HNQS 分别提高了 5.9%和 8.13%。这也表明结合注意力机制可以有效捕获用户当前意图，从而提高查询推荐的准确性。最优模型为 $AHNQS_{combined}$，相较于 $AHNQS_{local}$，$AHNQS_{combined}$ 在 Recall@10 和 MRR@10 指标上分别提高了 3.55%和 4.05%，说明本章采用的组合策略生成会话状态是有效的。

此外，通过比较我们发现，AHNQS 模型在 MRR 指标上的提升比 Recall 指标上的提升更加明显。例如，$AHNQS_{combined}$ 较 HNQS 模型而言，在 MRR@10 指标上提高了 4.05%，在 Recall@10 指标上提高了 3.55%。这说明注意力机制不仅能捕获用户最为关注的意图，同时可以区分不同候选查询，将正确的查询项排在推荐列表的前端。

4.5.2 注意力机制的可视化

为了更进一步确定层次结构和注意力机制的作用，我们抽样了一个用户和其会话历史，图 4-6（a）和图 4-6（b）分别展示了 NQS 和 HNQS 的会话层 RNN 的隐藏层状态向量，图 4-6（c）和图 4-6（d）分别展示了 HNQS 和 $AHNQS_{local}$ 用户层 RNN 的隐藏层状态向量。越深的地方代表该信息的重要性越高。

在图 4-6（a）和图 4-6（b）中，该会话包含 102 个查询词［即图 4-6（a）和图 4-6（b）x 轴代表的信息］，会话层 RNN 的隐藏层状态向量为 100 维［即图 4-6（a）和图 4-6（b）y 轴代表的信息］。与图 4-6（a）相比，可以发现分层架构修正了用户的意图表征，尤其明显的是在会话初始位置处，颜色深浅发生了改变，表示用户关注的信息的重要性发生了变化。这是因为在 HNQS 模型中，我们采用用户向量 U_t 对会话层 RNN 进行初始化。

就注意力机制而言，我们抽样了一个有 105 个查询会话的用户［即图 4-6（c）和图 4-6（d）x 轴代表的信息］，用户层 RNN 的隐藏层状态向量为 100 维［即图 4-6（c）和图 4-6（d）y 轴代表的信息］。与图 4-6（c）相比，图 4-6（d）

中得到的用户在不同信息上的偏好程度分布更加均匀。此外，在图 4-6（d）中，从高亮区域到低亮区域的突变更少。这表明注意力机制可以帮助捕获用户在不同主题信息上的长期偏好特征。

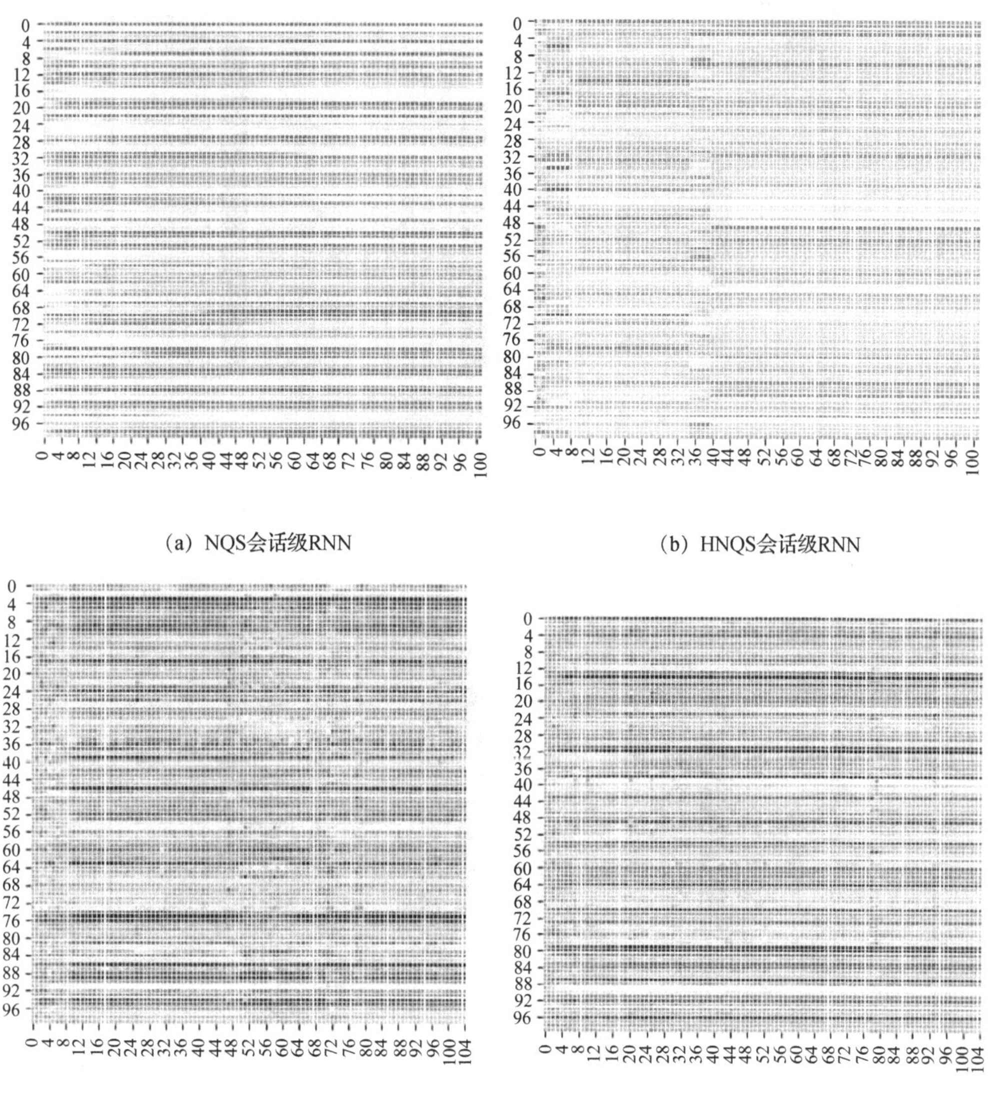

（a）NQS会话级RNN　　（b）HNQS会话级RNN

（c）HNQS用户级RNN　　（d）ANQS用户级RNN

图 4-6　可视化分层结构［图（a）、图（b）］和注意力机制［图（c）、图（d）］

4.5.3　查询会话长度的影响

为了进一步研究查询会话长度对本章所提方法的影响，我们将测试集上查询会话的长度分为短会话（2 个查询词），中会话（3—4 个查询词）和长会话（至少 5 个查询词），并将其推荐结果展示在图 4-7。

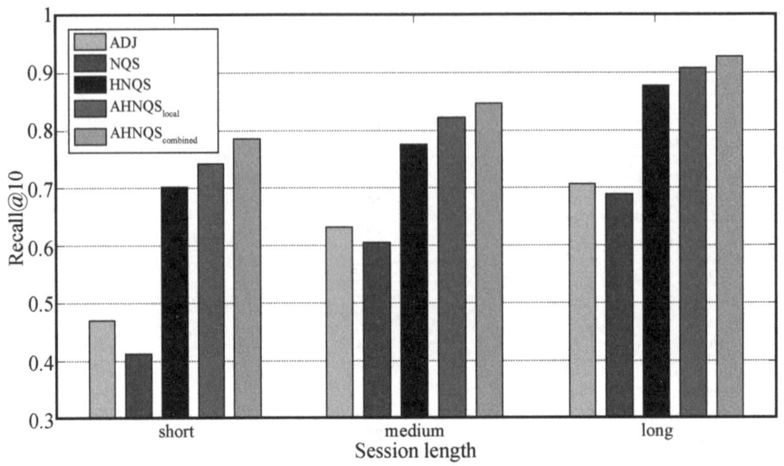

（a）在Recall@10上的表现

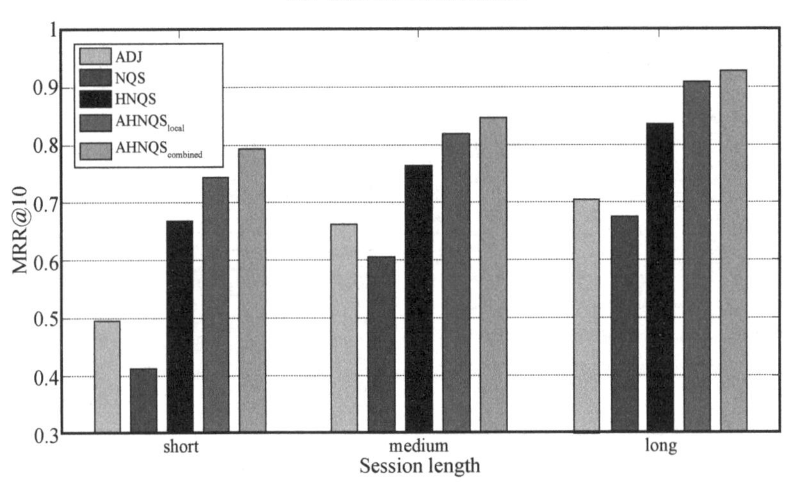

（b）在MRR@10上的表现

图 4-7　在 AOL 日志上测试不同会话长度对五个模型性能的影响

从图中可以看到，随着会话长度的增加，所有模型 Recall@10 指标都在上升，本章提出的 $AHNQS_{combined}$ 模型效果最优。就基线模型而言，ADJ 优于 NQS 模型，但是随着查询会话长度的增加，二者之间的差距逐渐缩小。在所有查询会话的长度上，HNQS 模型效果都优于 NQS 和 ADJ。在越短的查询会话上，HNQS 和 AHNQS 模型比 ADJ 以及 NQS 模型的优势越明显。这是因为当查询会话较短时，预测用户的查询意图可利用的信息就越少，而此时分层结构可以为模型提供更多的用户历史查询信息，从而帮助提高模型的查询推荐准确率。

就 MRR@10 指标而言，如图 4-7（b）所示，虽然其趋势和图 4-7（a）相似，但 AHNQS 在该指标上较 HNQS 的提升比 Recall@10 指标多。具体来说，在短会话、中会话、长会话上，在 MRR@10 指标上，$AHNQS_{local}$ 提高了 11.23%、7.13%和 8.74%，在 Recall@10 指标上，提高了 5.88%、5.97%和 3.61%；在 MRR@10 指标上，$AHNQS_{combined}$ 提高了 18.77%、10.61%和 11.15%，在 Recall@10 指标上，提高了 12.31%、9.12%和 5.53%。该结果也表明使用注意力机制可以有效提高查询推荐的准确率。

4.5.4　不同查询会话状态的影响

为了回答研究问题 3，探索不同会话状态表征对模型的影响，我们在不同的隐藏层维度和不同的推荐列表长度上做了实验，对比了 $AHNQS_{local}$、$AHNQS_{combined}$ 和 HNQS 三个模型的效果。其中隐藏层维度分别为 $D=50$ 和 $D=100$。推荐列表的长度取 $N=5$，10，15，结果如表 4-3 所示。

表 4-3　不同会话状态下查询建议模型的性能比较

（a）$N=5$ 时的性能比较

模型	$D=50$		$D=100$	
	Recall@5	MRR@5	Recall@5	MRR@5
HNQS	0.7819	0.7537	0.7977	0.7816
$AHNQS_{local}$	0.8279	0.8208	0.8421	0.8499
$AHNQS_{combined}$	**0.8701**	**0.8629**	**0.8790**	**0.8837**

（b）$N=10$ 时的性能比较

模型	$D=50$		$D=100$	
	Recall@10	MRR@10	Recall@10	MRR@10
HNQS	0.7981	0.7646	0.8138	0.7874
$AHNQS_{local}$	0.8515	0.8301	0.8618	0.8514
$AHNQS_{combined}$	**0.8837**	**0.8657**	**0.8924**	**0.8859**

(c) $N=15$ 时的性能比较

模型	$D=50$		$D=100$	
	Recall@15	MRR@15	Recall@15	MRR@15
HNQS	0.8036	0.7673	0.8178	0.7882
$AHNQS_{local}$	0.8524	0.8336	0.8653	0.8537
$AHNQS_{combined}$	**0.8866**	**0.8671**	**0.8978**	**0.8864**

注：每一列表现最好的模型结果加粗显示。

从表中我们可以看出，$AHNQS_{local}$ 和 HNQS 两个只采用单一向量表征用户会话的模型在两个指标上均表现得不好，而 $AHNQS_{combined}$ 在所有场景下均取得了最优表现。这说明只考虑单一会话表征会丢失部分信息，因此无法获取准确的查询推荐意图。随着隐藏层维度的增加，三种模型的效果都有增加，但是 $AHNQS_{combined}$ 模型效果提升量是最小的。例如，在 $D=50$ 变化到 $D=100$ 场景下，HNQS、$AHNQS_{local}$、$AHNQS_{combined}$ 三个模型在 Recall@10 指标上的提升量分别是 1.97%、1.21%和 0.98%，在 MRR@10 指标上的提升量分别是 2.98%、2.56%和 2.33%。这是因为 $AHNQS_{combined}$ 考虑了两种查询会话的优势，因此可以在小维度场景下对会话信息进行，这样需要的模型参数也比较少，可以减少计算时间。随着推荐列表长度的增加，三种模型的效果也有所提高，但是 $AHNQS_{combined}$ 提高量小于 HNQS 和 $AHNQS_{local}$ 两种模型，这是因为 $AHNQS_{combined}$ 已经将正确的查询推荐结果排在了推荐列表的前端，因此模型的指标效果受到推荐列表长度的影响较小。

4.5.5 用户查询会话数量的影响

为了探索模型的效果与用户查询会话数量之间的关系，我们按照用户查询会话数量从少到多，将用户分为“inactive users”“active users”和“most active users”这三种。大部分用户的会话数量少于 17 个会话，我们称这部分用户为“inactive users”，少部分用户的会话数量超过 150 个会话，我们称这部分用户为“most active users”，剩下的用户称为“active users”。图 4-8 中展示了 $AHNQS_{local}$、$AHNQS_{combined}$ 和 HNQS 三个模型在不同用户群上的查询推荐效果。

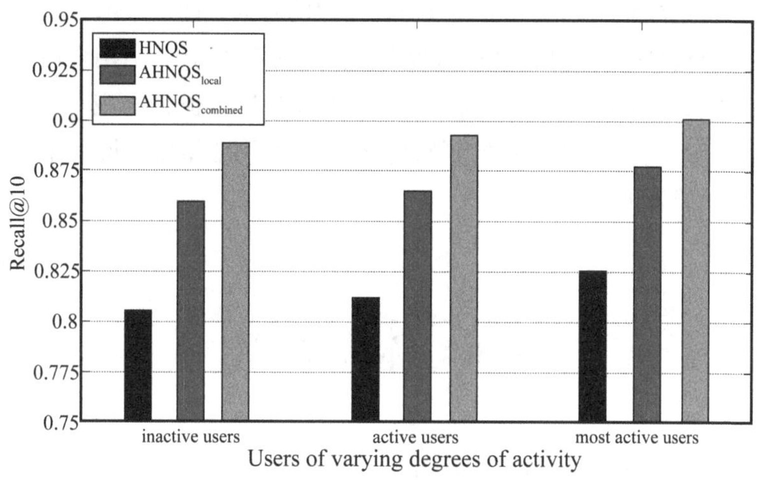

（b）在Recall@10上的表现

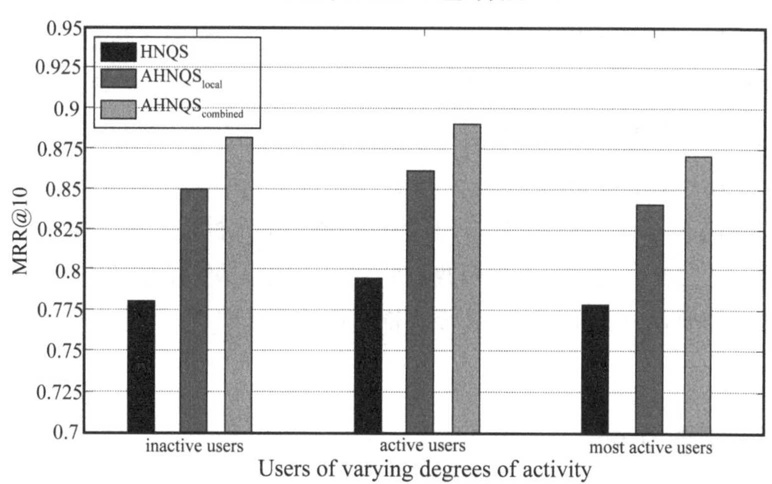

（b）在MRR@10上的表现

图 4-8　在 AOL 日志上测试三种模型在不同搜索会话次数用户中的性能

从图 4-8 中我们可以看出：①不管对于哪种类型的用户，$\text{AHNQS}_{combined}$ 的效果都是最好的，其次是 AHNQS_{local}，最差的是 HNQS。②具体来说，$\text{AHNQS}_{combined}$ 模型比 HNQS 模型在“inactive users”上的提高量比“active users”和“most active users”要多。随着会话数量的增加，从“inactive users”到“most active users”，$\text{AHNQS}_{combined}$ 模型较 HNQS 模型在 Recall@10 指标上的提高量依次为 10.22%、9.95%和 9.23%；在 MRR@10 指标上的提高量依次为 13.01%、12.04%和 11.81%。这表明本章提出的 $\text{AHNQS}_{combined}$ 模型即使在

少量的用户会话场景下，也可以有效捕捉用户的查询意图。③随着查询会话数量的增加，三个模型的 Recall 值都有所提升，但是对于 MRR，当用户由“active users”变为“most active users”时，三个模型的 MRR 值都出现了下降的趋势，这是因为当一个用户查询会话数量特别多时，其查询意图也比较多样化，因此也更难提高模型推荐的准确性。

4.6 本章小结

本章提出了一个基于分层注意力机制的查询推荐方法，其中分层的机制包括一个会话层的 RNN 网络和一个用户层的 RNN 网络，会话层用于对用户的短期查询记录建模，用户层用于对用户的长期查询行为进行建模。注意力机制的使用能够更好地捕捉用户在当前会话中的查询意图。对于会话层 RNN，我们采用组合会话状态同时考虑用户的序列行为以及在当前会话中的主要意图，而后将该会话状态用作用户 RNN 网络的输入。对于用户层 RNN，我们采用其最后一个隐藏层状态初始化下一个会话层 RNN，从而传递用户的个性化信息。我们在 AOL 数据集上进行了实验，实验结果表明我们的方法比现有基线模型的查询推荐效果要好，尤其对短的查询会话和拥有较少查询会话数量的用户，该模型效果提升更加明显。

本章参考文献

［1］CHEN W Y，CAI F，CHEN H H，et al. Personalized query suggestion diversification ［C］// SIGIR ’17. New York：NY，USA，2017：817-820.

［2］ONAL K D，ZHANG Y，ALTINGOVDE I S，et al. Neural information retrieval：At the end of the early years［J］. Information Retrieval Journal，2018，21（2-3）：111-182.

［3］BAHDANAU D，CHO K，BENGIO Y. Neural machine translation by jointly learning to align and translate［C］// ICLR’15. 2015：1-15.

［4］CAI F，DE RIJKE M. A survey of query auto completion in information retrieval［J］. Foundations and Trends in Information Retrieval，2016，10（4）：273-363.

［5］VIDINLI I B，OZCAN R. New query suggestion framework and algorithms：A case study for an educational search engine［J］. Information Processing and Management，2016，52（5）：733-752.

[6] CAI F, DE RIJKE M. Learning from homologous queries and semantically related terms for query auto completion [J] . Information Processing and Management, 2016, 52 (4): 628-643.

[7] SMITH C L, GWIZDKA J, FEILD H. The use of query auto-completion over the course of search sessions with multifaceted information needs [J] . Information Processing and Management, 2017, 53 (5): 1139 - 1155.

[8] BORISOV A, WARDENAAR M, MARKOV I, et al. A click sequence model for web search [C] // SIGIR 2018: 41st international ACM SIGIR conference on Research and Development in Information Retrieval. July 2018: 45-54.

[9] JIANG J-Y, KE Y-Y, CHIEN P-Y, et al. Learning user reformulation behavior for query auto-completion [C] // SIGIR ' 14. New York: NY, USA, 2014: 445-454.

[10] HE Q, JIANG D X, LIAO Z, et al. Web query recommendation via sequential query prediction [C] // 2009 IEEE 25th International Conference on Data Engineering. 2009: 1443-1454.

[11] CAO H X, JIANG D H, PEI J, et al. Context-aware query suggestion by mining click-through and session data [C] // KDD ' 08. New York: NY, USA, 2008: 875-883.

[12] SANTOS R L T, MACDONALD C, OUNIS I. Learning to rank query suggestions for adhoc and diversity search [J] . Information Retrieval, 2013, 16 (4): 429-451.

[13] OZERTEM U, CHAPELLE O, DONMEZ P, et al. Learning to suggest: a machine learning framework for ranking query suggestions [C] // SIGIR ' 12. New York: NY, USA, 2012: 25-34.

[14] CUI J W, LIU H Y, YAN J, et al. Multi-view random walk framework for search task discovery from click-through log [C] // CIKM ' 11. New York: NY, USA, 2011: 135-140.

[15] TORRES S D, HIEMSTRA D, WEBER I, et al. Query recommendation in the information domain of children [J] . Journal of the Association for Information Science and Technology, 2014, 65 (7): 1368-1384.

[16] MA H, YANG H X, KING I, et al. Learning latent semantic relations from click-through data for query suggestion [C] // CIKM ' 08. New York: NY, USA, 2008: 709-718.

[17] LI L, YANG Z L, LIU L, et al. Query-URL bipartite based approach to personalized query recommendation [C] // AAAI' 08. 2008: 1189-1194.

[18] MEI Q Z, ZHOU D Y, CHURCH K. Query suggestion using hitting time [C] // CIKM' 08. New York: NY, USA, 2008: 469-478.

[19] HUANG P-S, HE X D, GAO J F, et al. Learning deep structured semantic models for web search using clickthrough data [C] // CIKM ' 13. New York: NY, USA, 2013: 2333-

2338.

[20] SHEN Y L, HE X D, GAO J F, et al. A latent semantic model with convolutional-pooling structure for information retrieval [C] // CIKM ' 14. New York: NY, USA, 2014: 101-110.

[21] BORISOV A, MARKOV I, DE RIJKE M, et al. A neural click model for web search [C] // WWW ' 16. Republic and Canton of Geneva, Switzerland, 2016: 531-541.

[22] MITRA B, CRASWELL N. Query auto-completion for rare prefixes [C] // CIKM ' 15. New York: NY, USA, 2015: 1755-1758.

[23] PARK D H, CHIBA R. A neural language model for query auto-completion [C] // SIGIR ' 17, New York: NY, USA, 2017: 1189-1192.

[24] FIORINI N, LU Z Y. Personalized neural language models for real-world query auto completion [C] // Proceedings of the 2018 Conference of the North American Chapter of the Association for Computational Linguistics: Human Language Technologies, Volume 3 (Industry Papers) . 2018: 208-215.

[25] SORDONI A, BENGIO Y, VAHABI H, et al. A hierarchical recurrent encoder-decoder for generative context-aware query suggestion [C] // CIKM ' 15. 2015: 553-562.

[26] QUADRANA M, KARATZOGLOU A, Hidasi B, et al. Personalizing session-based recommendations with hierarchical recurrent neural networks [C] // RecSys ' 17. New York: NY, USA, 2017: 130-137.

[27] CHEN W Y, CAI F, CHEN H H, et al. Attention-based hierarchical neural query suggestion [C] // SIGIR' 18. New York: NY, USA, July 2018: 1093-1096.

[28] CHO K, VAN MERRIENBOER B, GÜLÇEHRE Ç, et al. Learning phrase representations using RNN encoder-decoder for statistical machine translation [C] // EMNLP' 14. 2014: 1724-1734.

[29] HIDASI B, KARATZOGLOU A, BALTRUNAS L, et al. Session-based recommendations with recurrent neural networks [C] // ICLR' 16. 2016: 1-10.

[30] HOCHREITER S, SCHMIDHUBER J. Long short-term memory [J] . Neural Computation, 1997, 9 (8): 1735-1780.

[31] GUO J F, CHENG X Q, XU G, et al. Intent-aware query similarity [C] // CIKM' 11. 2011: 259-268.

[32] HUANG C-K, CHIEN L-F, OYANG Y-J. Relevant term suggestion in interactive web search based on contextual information in query session logs [J] . J. Am. Soc. Inf. Sci. Technol, 2003, 54 (7): 638-649.

第5章　基于用户长短期行为动态交互的个性化推荐方法

5.1　引　　言

推荐系统是帮助人们应对日益复杂的信息环境的有效解决方案[1,2]。传统的推荐系统通常会忽略用户行为的时序信息，主要从交互行为中挖掘用户和物品之间的静态相关性[3-5]。例如，基于矩阵分解的典型传统推荐系统[6] 可以从整个交互历史中学习，从而有效地建模用户的一般偏好，但是它不考虑用户短期的序列交互行为。序列推荐与传统推荐系统的不同之处在于，它能根据用户一段时间内的交互历史，来预测用户下一个可能感兴趣的物品[7]。

现有的序列推荐方法主要包括马尔可夫链和循环神经网络（recurrent neural networks，RNN）[8]。例如，基于马尔可夫链的 FPMC（factorizing personalized Markov chain）模型将马尔可夫链与矩阵分解相结合，以实现良好的推荐性能[9]。Wang 等人提出了一种分层表示模型（hierarchical representation model，HRM）模型，该模型在 FPMC 模型的基础上，通过采用分层结构来构建用户和物品的混合表示[10]。基于马尔可夫链的方法仅能建模每两个相邻交互之间的局部序列模式。基于 RNN 的模型可以有效地建模多步序列行为。分层递归神经网络（hierarchical recurrent neural network，HRNN）模型[11] 和动态递归神经网络模型（dynamic recurrent basket model，DREAM）[12] 将用户的所有历史交互嵌入到 RNN 的最终隐藏状态中，从而获取用户当前偏好表征，这两个模型与 HRM 和 FPMC 模型相比都取得了显著的提升。

现有基于会话的推荐系统可以有效建模用户的短期决策过程，但它们并没有捕捉到用户长短期历史行为在建模用户当前偏好时重要性的动态变化。不同的用户在同样的短期会话场景下，可能具有不同的偏好意图，这就是用户的个性化导致，可以由用户的长期历史行为建模得到。因此，如何更准确地获得每位用户的动态意图偏好值得研究[13,14]。

本章的工作假设是，用户长期交互历史中各个行为的相对重要性取决于用户当前交互行为，反之亦然。例如，一个用户在当前会话中与一个照相机产生过交互，在模型为用户推荐下一个可能交互的物品时，用户长期交互历史中与电子产品相关的一些行为应受到更多关注；相反，如果用户过去的历史交互表明其对索尼品牌的兴趣更大，则在预测下一个推荐物品时，当前会话中和该品牌相关的交互行为可能比其他交互更重要。同时不同的用户动作（例如点击、添加到购物车或购买等）提供了和用户意图相关的额外信息[15,16]。例如点击行为可能表示当前的推荐还不太令人满意，因此可以继续推荐别的相关的物品；相反，如果用户购买了一个相机，那么模型下一步应该推荐一些和相机相关的产品，如内存卡等。总的来说，现有会话推荐模型仍面临两个方面的挑战[13,14]：

①如何更有效地结合用户长短期偏好？

②如何通过用户的隐式反馈行为获取用户动态偏好表示？

为了解决上述问题，本章提出了基于用户长短期行为动态交互的个性化推荐方法（dynamic co-attention network for session-based recommendation，DCN-SR)，主要包括以下几个部分：

①第一部分设计使用基于上下文的循环神经网络将用户动作信息考虑进来，建模用户短期偏好。

②第二部分使用多层感知器（multi-layer perceptron，MLP）来处理用户的长期历史交互行为，并得到用户长期偏好表征。

③第三部分使用前两个部分的输出作为输入，设计交互注意力机制来捕获用户长期和短期交互行为间的关联关系，并生成用户长短期偏好的关联表示。基于这些偏好表征计算每个候选物品的推荐得分。

在基于会话的推荐系统方向，本章所提方法是首次使用交互注意力机制捕获用户长短期偏好之间的动态关联关系。在两个公开的电子商务数据集（Tmall 数据集和 Tianchi 数据集）上的实验表明，DCN-SR 在推荐精度方面优于现有模型。在 Recall@10 指标上，在 Tmall 数据集上 DCN-SR 超过最优基线模型 2.58%，在 Tianchi 数据集上超过最优基线模型 3.08%；在 MRR@10 指标上，Tmall 数据集和 Tianchi 数据集上模型的改进分别为 3.78%和 4.05%。此外，本章还研究了在不同会话长度和不同历史交互数量场景下 DCN-SR 模型的可扩展性和灵敏度。总而言之，本章的主要贡献是：

①设计了一个基于用户长短期行为动态交互的个性化推荐模型 DCN-SR，该模型能够学习用户长短期偏好的关联表示，并将其结合起来解决会话推荐任务。

②设计了一个基于上下文的循环神经网络 CGRU，将用户动作信息考虑进来，从而捕捉用户下一时刻的交互意图。

③本章在两个真实的数据集上对模型进行了验证，并和一些先进的基线方法进行比较。实验结果显示 DCN-SR 模型能够明显提高会话推荐准确率，尤其当应用于短会话推荐以及面向活跃用户推荐时，DCN-SR 的推荐准确性优势更加明显。

5.2 相关工作分析

5.2.1 基于用户序列行为分析的推荐方法

通常推荐系统会记录用户的行为以及相关的时间戳信息[17]。大部分方法利用用户的时序行为信息建模用户的动态偏好。马尔可夫链是一种传统的方法。在 FPMC[9] 模型之后，Feng 等人利用低维向量表征实现连续的位置推荐[18]。He 和 McAuley 将相似度模型与马尔可夫链融合起来进行序列推荐，解决了稀疏推荐问题[8]。为了更好地捕捉用户的常规兴趣偏好和序列行为模式，Wang 等人在 FPMC 模型基础上通过设计使用分层结构来学习用户表征（HRM)[10]。但是这些基于马尔可夫链的方法仅模拟相邻交互事件之间的局部序列模式。

神经网络模型的使用改进了序列推荐任务的效果。Hidasi 等人首先提出了一种基于 RNN 的会话推荐模型，该模型由门控循环单元（GRU）组成，并使用会话并行的 mini-batch 训练过程[19]。当用户历史行为存在时，Quadrana 等人提出了跨会话的分层 RNN 模型来建模用户偏好并进行会话推荐[11]。Yu 等人提出了一种动态递归神经网络模型（DREAM）来捕获全局序列行为模式，用于学习用户动态偏好表示，其性能优于 HRM 和 FPMC[12]。在 DREAM 中，用户的所有历史交互都嵌入到 RNN 的最终隐藏层状态中，用以表示用户当前的偏好。上面列出的基于 RNN 的方法通常将用户的长期和短期交互编码为一个单独的向量[20]，这样无法区分每个交互行为在进行会话推荐时可能发挥的作用。

基于记忆内存的方法利用用户记忆网络来存储用户之前的交互行为。Chen 等人提出了一个带有用户记忆网络（recommendation with user memory network，RUM）的模型，该模型融合协同过滤和记忆增强网络，可以更加有效地使用用户历史记录[21]。RUM 利用注意力机制和记忆单元获得用户当前动态偏好表征，但是采用固定的向量表示用户常规偏好，因此忽略了不同长期历史交互与当前交互的关联关系。

本章提出的会话推荐方法不同于上面列出的工作，因为我们不仅利用了用户长短期行为交互信息，而且还考虑了用户长期和短期偏好之间的动态相关性。此外，本章所提方法也探索了用户不同动作中包含的隐藏信息。

5.2.2 基于注意力机制的推荐方法

注意力机制被广泛应用于推荐系统，帮助模型更准确地捕捉用户偏好[22-24]。Li 等人提出一个神经注意力会话推荐模型 NARM（neural attentive recommendation machine，NARM）[25]。NARM 从会话 RNN 中获取最后一个隐藏状态，结合该状态向量和 RNN 中其他隐藏层向量计算权重，从而获取用户动态偏好表征。虽然 NARM 相对于传统的基于 RNN 的方法取得了显著进步，但它忽略了用户长期偏好。Ying 等人采用分层注意力网络进行会话推荐（hierarchical attention network for sequential recommendation，SHAN）[26]。SHAN 中的第一个注意力层是基于用户长期历史行为学习用户的长期偏好，第二个注意力层将用户长短期偏好表征相结合获得用户最终偏好表征。值得指出的是，SHAN 是分别独立生成用户长期和短期偏好表征，忽略了它们之间的关联关系。至于基于记忆网络的模型，Liu 等人提出了一种短期注意力机制和记忆网络结合的序列推荐模型（short-term attention memory priority model，STAMP），其注意力权重也是根据会话上下文计算得到，并利用当前会话中最后一个交互行为表征进行增强[27]。

本章提出的会话推荐模型与上述模型不同，主要体现在两个方面：首先，现有模型大都分别对用户长期历史行为和当前会话行为进行注意力机制的建模。相比之下，本章提出的模型 DCN-SR 设计交互注意力网络来计算用户长期历史行为和当前会话行为的协同注意力权重，并生成其用户长期偏好和短期偏好的协同表征；其次，在面向用户不同短期会话行为时，先前的工作均将用户的长期偏好视为一个静态向量。在 DCN-SR 中，我们考虑为用户不同的会话进行推荐时，该用户的长期偏好表征是动态变化的，面对不同的短期会话，用户长期历史交互中的行为可能具有不同的重要程度。

5.3 模型描述

5.3.1 问题分析与模型框架

对于一个用户 u，我们将其当前会话的交互行为表示为：$\text{Session}_u = \{(x_1, a_1), (x_2, a_2), \cdots, (x_T, a_T)\}$，其中，$x_i$ 表示用户交互的第 i 个物品，a_i 表示用户交互第 i 个物品时的行为（如点击、加入购物车或者购买）。T 表示当前会话中交互行为的总数量。除此之外，我们还考虑用户的长期交互历史 $\text{History}_u = \{x_1, x_2, \cdots, x_N\}$ 。N 表示用户长期交互历史行为的个数。考虑到用户的长期历史中并不是所有的行为都代表了用户的偏好，我们只保留了用户长期历史中表达用户偏好的行为，例如收藏和购买。本章设计的方法框架图如图 5-1 所示，主要包含三个部分：短期行为偏好，长期行为偏好，交互注意力网络。模型的底层是嵌入层，由上层网络共享，用于生成物品及用户行为的嵌入表示。我们用 x_i 和 a_i 分别代表第 i 个物品和相应行为的嵌入表示。

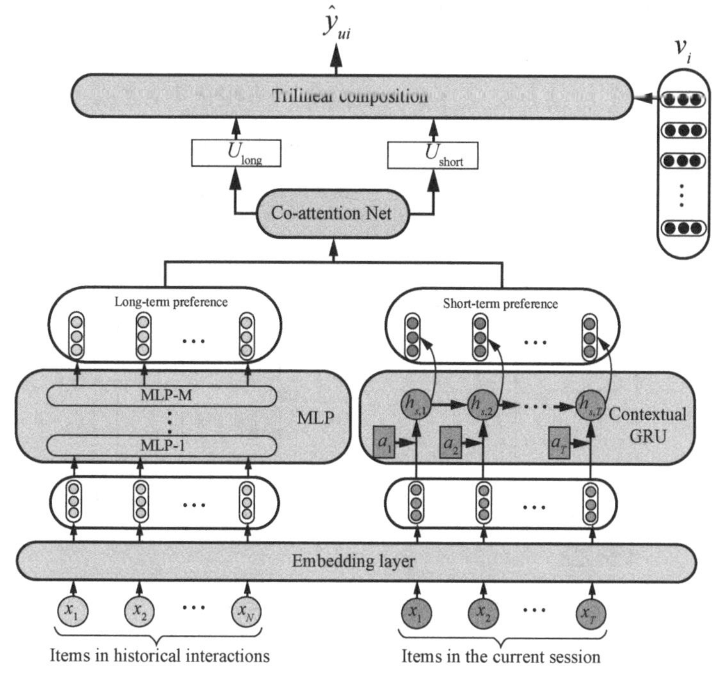

图 5-1　模型基本框架

5.3.2 短期偏好学习模块

用户不同的行为，如购买、收藏、点击等反映了用户不同的偏好信息，我们可以将这部分信息当成探索用户时序行为的先验知识。因此如图 5-2 所示，在短期偏好学习模块，本章考虑用户不同的行为以及行为的时序性特征，因此提出了一个基于上下文的 GRU 模型（contextual GRU，CGRU）。本章将传统的 GRU 单元进行修改，在传统 GRU 的输入门、遗忘门和更新门都加入行为信息。CGRU 的隐藏层状态 h_t 是上一个隐藏层状态 h_{t-1} 和候选隐藏层状态 h'_t 的线性加权：

$$h_t = z_t h_{t-1} + (1 - z_t) h'_t \tag{5-1}$$

其中，更新门输出 z_t 为：

$$z_t = \sigma(W_z x_t + V_z a_t + U_z h_{t-1}) \tag{5-2}$$

其中，W_z 、V_z 和 U_z 是可学习的参数，分别用于更新 x_t 、a_t 和 h_{t-1}。候选隐藏层变量为：

$$h'_t = \tanh(W x_t + V a_t + r_t \odot U h_{t-1}) \tag{5-3}$$

其中，重置变量 r_t 为：

$$r_t = \sigma(W_r x_t + V_r a_t + U_r h_{t-1}) \tag{5-4}$$

其中，W_r 、V_r 和 U_r 为重置参数。

这样可以得到每个交互的隐藏层表示，用它们的集合来表示用户的初始短期兴趣爱好，即 $U_s = \{h_{s,1}, h_{s,2}, \cdots, h_{s,T}\}$，其中 $U_s \in \mathbb{R}^{D \times T}$，$D$ 是每个隐藏层向量的维度。我们将结合交互注意力机制进一步探索用户短期偏好。

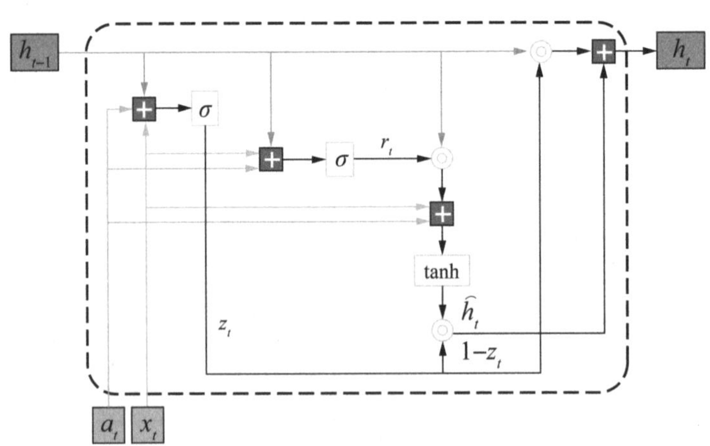

图 5-2 CGRU 网络的结构图

5.3.3　长期偏好学习模块

本节结合用户的历史行为对用户的长期偏好进行建模，这里我们仅考虑用户有明确偏好的交互物品，即具有一些特殊交互行为的物品，如购买或收藏行为，因为这些行为更能表现用户的喜好。我们考虑用户的长期交互历史 $\text{History}_u = \{x_1, x_2, \cdots, x_N\}$ 。N 表示用户长期交互历史行为的个数。这里我们采用多层感知机建模，主要是因为它有良好的非线性建模的能力，在协同过滤的方法中广受应用[28]：

$$
\begin{aligned}
z_{1,i} &= \varphi(W_1 x_i + b_1) \\
z_{2,i} &= \varphi(W_2 z_{1,i} + b_2) \\
&\vdots \\
z_{M,i} &= \varphi(W_M z_{M-1,i} + b_M) \\
X_i &= z_{M,i}
\end{aligned}
\tag{5-5}
$$

其中，W_m 、b_m 和 φ 表示第 m 层的权重矩阵、偏置向量以及激活函数。这里采用 ReLU 作为激活函数，可以有效处理梯度消失问题[28,29]。M 表示多层感知机的层数。最后一层的输出 X_i 为第 i 个行为的表示。我们用所有行为表示的集合作为用户长期偏好的初始表示 $U_l = \{X_1, X_2, \cdots, X_N\}$ ，其中 $U_l \in \mathbb{R}^{D \times N}$ 。

5.3.4　交互注意力网络

将用户长短期偏好结合起来可以有效提高对用户意图感知的准确度，从而提升推荐效果。传统方法通常将用户短期和长期偏好视为相对独立，忽略了它们之间潜在的相互依赖性[26]。使用常规的注意力机制可以为用户的历史交互行为和短期交互行为分别分配不同的权重。本章研究认为在计算每个交互行为重要性的时候，历史交互和短期交互可以相互为对方提供额外的信息。因此本节设计交互式注意力网络来优化长短期兴趣偏好表示，图 5-3 给出了该注意力网络的结构图。

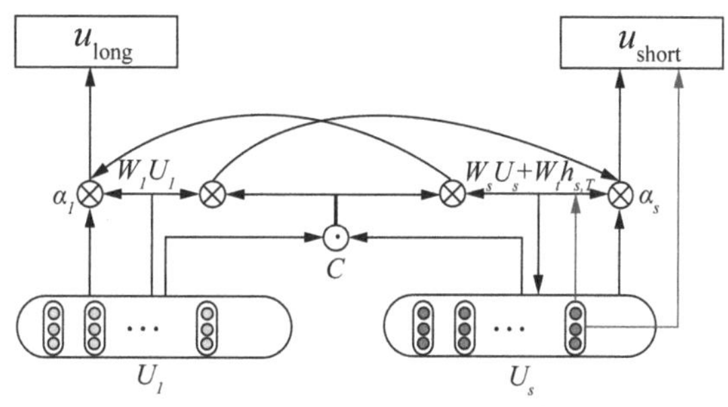

图 5-3　交互注意力网络的结构图

如图 5-3 所示，在生成用户初始的长短期偏好后，将其作为交互注意力机制的输入，计算交互矩阵：

$$C = \tanh(U_l^{\mathrm{T}} W_c U_s) \tag{5-6}$$

其中，$W_c \in \mathbb{R}^{D \times D}$ 包含了权重信息。在得到了交互矩阵后，我们将其作为特征向量，计算基于短期偏好的长期行为的权重：

$$H^l = \tanh(W_l U_l + (W_s U_s + W_t h_{s,T}) C^{\mathrm{T}}) \tag{5-7}$$

$$\alpha_l = \mathrm{softmax}(w_{hl}^{\mathrm{T}} H^l) \tag{5-8}$$

同理，可得基于长期偏好的短期行为权重：

$$H^s = \tanh((W_l U_l) C + (W_s U_s + W_t h_{s,T})) \tag{5-9}$$

$$\alpha_s = \mathrm{softmax}(w_{hs}^{\mathrm{T}} H^s) \tag{5-10}$$

其中，W_l、W_s、$W_t \in \mathbb{R}^{K \times D}$，$w_{hl}$、$w_{hs} \in \mathbb{R}^K$ 分别是长短期偏好的权重参数，α_l 和 α_s 分别表示长短期行为的注意力权重。

值得一提的是，公式（5-7）和公式（5-9）中，除了考虑用户当前短期会话中所有隐藏层参数，即 U_s，我们还显式地将会话中最后一个隐藏层向量考虑进来，即 $h_{s,T}$，许多研究也表明，显式地应用 $h_{s,T}$ 可以有效提高会话推荐的准确性[25,27]。

将上述获得的权重向量和初始的长短期兴趣变化结合，得到最终的长期偏好表示：

$$U_{co-l} = \sum_{n=1}^{N} \alpha_l^n X_n \tag{5-11}$$

以及短期偏好表示：

$$U_{co-s} = \sum_{t=1}^{T} \alpha_l^t h_{s,t} \tag{5-12}$$

为了将短期会话最后的隐藏层向量 $h_{s,T}$ 考虑进来，我们用 $U_{\mathrm{long}} = U_{co-l}$，$U_{\mathrm{short}} = [U_{co-s};\ h_{s,T}]$ 来表示用户长短期偏好的最终表示。对于一个候选物品，预测用户对其偏好得分为：

$$\widehat{z}_{ui}^{l} = v_i^{\mathrm{T}} B_l U_{\mathrm{long}} \tag{5-13}$$

$$\widehat{z}_{ui}^{s} = v_i^{\mathrm{T}} B_s U_{\mathrm{short}} \tag{5-14}$$

$$\widehat{z}_{ui} = \sigma(B^{\mathrm{T}} [\widehat{z}_{ui}^{l},\ \widehat{z}_{ui}^{s}]) \tag{5-15}$$

$$\widehat{y}_u = \mathrm{softmax}(\widehat{z}_u) \tag{5-16}$$

其中，$\widehat{z}_u$ 表示用户对所有候选物品的打分，经过归一化后可得到用户偏好的概率分布，即 $\widehat{y}_u$。

在模型训练时的损失函数如下所示：

$$L(\hat{y}_u) = -\sum_{i=1}^{V} y_u \log(\hat{y}_u) \tag{5-17}$$

其中，y_u 为真实标签分布。

5.3.5　模型分析

为了更进一步分析所提模型 DCN-SR，我们将分析该模型与现有模型的关联关系。考虑不同的设置场景，DCN-SR 可以退化成不同的现有模型，包括基于循环神经网络的会话推荐模型 GRU4Rec 和基于注意力机制的会话推荐模型 NARM。

（1）DCN-SR 和 GRU4Rec 模型对比分析

GRU4Rec 是一个基于 RNN 的会话推荐模型，采用最后一个隐藏层状态向量表示用户的偏好：

$$h_T = GRU_{\text{sess}}(v_T,\ h_{T-1}) \tag{5-18}$$

为候选物品 v_i 预测偏好得分：

$$\hat{z}_{ui} = \sigma(v_i^{\mathrm{T}} h_T) \tag{5-19}$$

如图 5-1 所示，当 DCN-SR 模型不考虑用户长期历史行为以及用户不同的动作（点击、购买等），DCN-SR 模型会退化成 GRU4Rec 模型。当把用户历史行为置为空，权重参数 $w_{hs}=0$，在交互注意力网络中，交互偏好矩阵 C，U_{co-l} 和 U_{co-s} 为 0。用户偏好表示即为会话最后一个隐藏层的表示，$U_{\text{short}} = [U_{co-s};\ h_{s,\ T}] = h_{s,\ T}$，候选物品得分为：

$$\hat{z}_{ui} = \sigma(\hat{z}_{ui}^{s}) = \sigma(v_i^{\mathrm{T}} U_{\text{short}}) = \sigma(v_i^{\mathrm{T}} h_{s,\ T}) \tag{5-20}$$

与 GRU4Rec 模型的预测一致。但是考虑用户长期历史行为可以获取用户的长期偏好信息。此外结合参数 w_{hs}，DCN-SR 可以动态调整用户当前会话中不同行为的重要程度，从而提高推荐的效果。

（2）DCN-SR 和 NARM 模型对比分析

DCN-SR 和 NARM 均使用了注意力机制获取用户意图。在 NARM 中，注意力机制将用户会话中最后一个隐藏层向量作为全局编码：

$$c_g = h_T \tag{5-21}$$

而后结合会话中其他隐藏层向量计算注意力权重，经过加权后得到局部编码：

$$c_l = \sum_{i=1}^{T} \alpha_i h_i \tag{5-22}$$

其中，α_i 是权重参数，计算如下：

$$\alpha_i = v^{\mathrm{T}} \sigma(A_1 h_i + A_2 h_T) \tag{5-23}$$

其中，σ 是激活函数，A_1 和 A_2 为可学习的参数。

通过拼接的方式，NARM 获得用户最后的偏好表示为：

$$c=[c_g;\ c_l]=\left[h_T;\ \sum_{i=1}^{T}\alpha_{ih_i}\right] \tag{5-24}$$

对候选物品的偏好得分为：

$$\hat{z}_{ui}=\sigma(v_i^{\mathrm{T}}Bc) \tag{5-25}$$

为显示 DCN-SR 和 NARM 之间的关联关系，我们将用户长期历史置空，忽略用户不同的动作（点击、购买等），DCN-SR 退化为：

$$C=\tanh(U_l^{\mathrm{T}}W_cU_s)=0 \tag{5-26}$$

$$H^s=\tanh\left((W_lU_l)C+(W_sU_s+W_th_{s,T})\right)=\tanh(W_sU_s+W_th_{s,T})$$

因为 $U_s=\{h_{s,1},\ h_{s,2},\ \cdots,\ h_{s,T}\}$，我们可以将上式进行分解：

$$H_i^s=\tanh(W_sh_{s,i}+W_th_{s,T}) \tag{5-27}$$

然后，当前会话中每个交互的注意力权重即为：

$$\alpha_s^i=\mathrm{softmax}(w_{hs}^{\mathrm{T}}H_i^s)=\mathrm{softmax}(w_{hs}^{\mathrm{T}}\tanh(W_sh_{s,i}+W_th_{s,T})) \tag{5-28}$$

可以看到该权重计算方式和 NARM 中的计算方式相似，我们可以将用户最终的短期偏好表征为：

$$U_{\mathrm{short}}=[U_{co-s};\ h_{s,T}]=\left[\sum_{t=1}^{T}\alpha_l^th_{s,t};\ h_{s,T}\right] \tag{5-29}$$

预测得分为：

$$\hat{z}_{ui}=\sigma(\hat{z}_{ui}^s)=\sigma(v_i^TB_sU_{\mathrm{short}}) \tag{5-30}$$

从上面的推导我们可以看出，选择合适的激活函数后，DCN-SR 和 NARM 有相同的用户偏好表征和预测得分。

基于以上的分析，可见 DCN-SR 是一个较为通用的会话推荐模型。一方面，通过引入不同的设置，如参数或者激活函数等，DCN-SR 可以泛化到其他现有模型上；另一方面，DCN-SR 可以引入用户历史行为信息，并获取用户长短期偏好间的动态关联关系。

5.4 实验设置

5.4.1 实验研究问题

本章设计了以下研究问题：

研究问题 1：DCN-SR 较现有基线模型而言，效果如何？

研究问题 2：基于上下文的 GRU，即 CGRU，通过引入用户不同的动作信息，能否有效提高 DCN-SR 模型的效果？

研究问题 3：随着用户短期会话长度的变化，DCN-SR 模型的效果变化情况如何？

研究问题 4：随着用户历史行为数量的变化，DCN-SR 模型的效果变化情况如何？

研究问题 5：交互注意力机制的可视化情况如何？

5.4.2　实验数据集与评价指标

实验数据集采用两个公开数据集 Tmall 和 Tianchi 来验证模型效果。Tmall 数据集由淘宝公布，包含用户在线交互记录，有 884 个用户，9531 个品牌以及 182880 条交互记录。用户的动作类型包括点击、收藏、加入购物车以及购买行为。Tianchi 数据集由 Alibaba 公布，包含一系列用户－商品交互记录，包括 20000 个用户与 4758484 个商品在一个月内的 23291027 条交互记录。用户的动作类型包括点击、收藏、加入购物车以及购买行为。

对于 Tmall 数据集，我们将用户交互次数少于 3 次和物品被交互次数少于 3 次的过滤掉[12]。对于 Tianchi 数据集，我们将用户交互次数少于 20 次和物品被交互次数少于 50 次的过滤掉。处理后的数据集结果如表 5-1 所示。

表 5-1　数据集的统计信息

数据集	Tmall	Tianchi
用户数量	822	14080
物品数量	5823	40886
交互数量	1577097	3782379
动作类型数量	4	4
平均每个用户交互数量	192.13	272.03
平均每个物品交互数量	27.03	93.68
训练集中交互数量	147735	2897330
测试集中交互数量	9974	885049

5.4.3　其他比较算法

因为 DCN-SR 考虑了用户长短期历史行为，本章选取了个性化会话推荐模型，包括 HRNN 和 SHAN。此外，我们还考虑了一些传统的模型，即 FPMC 和 Item-pop，以及基于神经网络的模型，即 NARM、STAMP 和 GRU4Rec。

- Item-pop：一种根据交互的数量对物品进行排序的方法，这是一种非个性化的方法[30]。

- FPMC：一种基于马尔可夫链和协同过滤的顺序推荐混合模型，该模型将当前顺序行为和历史行为都考虑了[9]。

- GRU4Rec：一个基于 RNN 的会话推荐模型，包含 GRU 单元，利用成对损失函数来训练模型[19]。

- NARM：一种基于 RNN 的模型，应用注意机制来从隐藏层状态中捕获用户的主要意图，并将其与顺序行为结合起来，获得用户当前偏好的最终表示[29]。

- STAMP：该模型使用了注意机制和记忆网络，显式地考虑了会话中每一次点击和最后一次点击之间的相关性，经过加权不同行为重要性后得到用户当前偏好表征[27]。

- HRNN：该模型采用分层 RNN 网络实现个性化的会话推荐，它使用会话层和用户层的 RNN 分别来建模用户的短期和长期偏好[11]。

- SHAN：一种基于分层注意力网络的个性化推荐方法，其中第一个注意力层是基于用户长期历史行为学习用户的长期偏好，第二个注意力层将用户长短期偏好表征相结合获得用户最终偏好表征[26]。

5.4.4 算法参数设置

为了进行评估，我们根据用户的行为交互时间将 Tmall 和 Tianchi 数据集分为训练集和测试集。训练集包括除最后 7 天以外的所有交互行为；测试集包含剩下的 7 天的交互行为。由于协同过滤方法不能推荐以前没有出现过的物品，所以我们从测试集中过滤掉没有出现在训练集中的物品。遵循文献［26，31］，对于 Tmall 和 Tianchi 数据集，我们将用户一天内的记录作为一个会话来建模其短期偏好。

除非有特殊说明，本章模型推荐列表的长度（N）等于 10[28,29]。我们使用 Recall@10 和 MRR@10 来评估模型[25,27] 的性能。Recall 值用来衡量模型的召回率，即真实物品是否存在于推荐列表中。MRR@10 衡量推荐系统的排序准确性，即真实结果是否排在推荐列表的顶部。我们使用 Adam[32] 优化超参数，初始学习率设置为 0.01，物品嵌入维度设置为 50。模型参数在验证集上进行优化，验证集的获取过程和测试集一致[33]。

5.5　实验结果分析与讨论

5.5.1　整体推荐效果

为了回答研究问题 1，本节在两个数据集上测试了所有对比模型的推荐效果，结果如表 5-2 所示。

表 5-2　所有模型的推荐效果

模型	Tmall		Tianchi	
	HR@10	NDCG@10	HR@10	NDCG@10
Item-pop	.1058	.0455	.0022	.0011
FPMC	.1813	.1227	.0594	.0377
GRU4Rec	.5852	.5613	.1117	.0875
NARM	.7237	.6781	.3155	.1909
STAMP	.7246	.6872	.3185	.1955
HRNN	.6894	.6617	.1971	.1801
SHAN	.7101	.6687	.2208	.1843
DCN-SR	**.7433**△	**.7132**▲	**.3283**△	**.2034**▲

注：基线模型中结果最好的用下划线表示，所有模型中结果最好的加粗表示。DCN-SR 与最好基线模型的差值通过 t-test 检验（▲表示显著性水平 $\alpha=0.01$，△表示显著性水平 $\alpha=0.05$）。

首先对比基线模型。从表 5-2 中我们可以看到，基于神经网络的方法优于传统方法，即 Item-pop 和 FPMC。对于非个性化的会话推荐方法，即 GRU4Rec、NARM 和 STAMP，我们看到 NARM 和 STAMP 都比 GRU4Rec 推荐效果好，这表现了使用注意力机制的作用。这一结果也可以通过比较个性化模型，即 HRNN 和 SHAN 的结果来证明，其中具有层次注意力结构的 SHAN 表现优于 HRNN。HRNN 的推荐结果优于简单使用基于 RNN 的方法，即 GRU4Rec，这意味着将用户的历史交互和短期会话交互结合在一起可以帮助提高推荐性能。STAMP 和 NARM 的效果优于 SHAN，表明显式地使用最后会话中一个隐藏层状态可以有效提高会话推荐性能，因为在短时间内的最后一个行为可以更好地揭示用户当前的意图偏好。STAMP 在 Recall@10 和 MRR@10 方面优于其他基线模型。因此，我们在以后的实验中使用 STAMP 作为最优基线模型。

接下来，我们比较 DCN-SR 模型与基线模型。个性化和非个性化的基线模型如 SHAN 和 STAMP，其效果均不如 DCN-SR，这也表明采用交互注意力网络可以有效提高模型推荐效果。这可能是由两个因素造成的：一是通过交互注意网络，DCN-SR 可以捕捉用户历史和短期交互行为之间的相互关联关系，并学习用户长期和短期偏好的动态表示；另一方面是 DCN-SR 整合了用户的长期和短期偏好来预测其下一次交互。

DCN-SR 优于最佳基线模型，就 Recall@10 指标而言，在 Tmall 数据集上提高了 2.58%，Tianchi 数据集上提高了 3.08%；就 MRR@10 指标而言，在 Tmall 数据集上改进了 3.78%，在 Tianchi 数据集上改进了 4.05%。可以发现，DCN-SR 模型在 MRR@10 指标上的改进大于 Recall@10 指标的改进，这表明相较于提高推荐列表的召回率，DCN-SR 在提高推荐列表的排序准确性上发挥了更大的作用。

5.5.2 基于上下文的 GRU 网络影响

为了回答研究问题 2，验证 CGRU 网络的作用，本节测试了 DCN-SR 在不同设置下的推荐性能，即 $\text{DCN-SR}_{\text{GRU}}$（DCN-SR 模型使用一个简单的 GRU 网络）、$\text{DCN-SR}_{\text{CGRU}}$（DCN-SR 模型使用 CGRU 网络）。表 5-3 将它们的推荐效果与最佳基线模型（STAMP）进行了对比，并且测试了不同推荐列表长度下的推荐性能。

表 5-3 不同推荐项目数 *N* 下的推荐性能

(a) Tmall 数据集上的性能比较

N		Tmall		
		STAMP	$\text{DCN-SR}_{\text{GRU}}$	$\text{DCN-SR}_{\text{CGRU}}$
5	Recall@5	.7148	.7256△	**.7272**△○
	MRR@5	.6859	.6964△	**.6999**▲●
10	Recall@10	.7246	.7395△	**.7433**△○
	MRR@10	.6872	.7016△	**.7132**▲●
15	Recall@15	.7314	.7470△	**.7501**△○
	MRR@15	.6878	.7032△	**.7147**▲●

(b) Tianchi 数据集上的性能比较

N		Tmall		
		STAMP	DCN-SR$_{GRU}$	DCN-SR$_{CGRU}$
5	Recall@5	.2685	.2744△	**.2752**△○
	MRR@5	.1895	.1939△	**.1955**▲●
10	Recall@10	.3184	.3278△	**.3283**△○
	MRR@10	.1955	.2016△	**.2034**▲●
15	Recall@15	.3473	.3575△	**.3581**△○
	MRR@15	.1985	.2046△	**.2067**▲●

注：每行中结果最好的加粗表示。差值通过 t-test 检验（DCN-SR$_{CGRU}$ 或 DCN-SR$_{GRU}$ 与 STAMP 比较时▲表示显著性水平 $\alpha=0.01$，△表示显著性水平 $\alpha=0.05$；DCN-SR$_{CGRU}$ 与 DCN-SR$_{GRU}$ 比较时●表示显著性水平 $\alpha=0.01$，○表示显著性水平 $\alpha=0.05$）。

DCN-SR$_{GRU}$ 虽然缺少用户的动作信息，但仍然优于最佳的基线模型 STAMP，这表明动态交互注意力网络有助于提高会话推荐的性能。比较 DCN-SR 模型的两种变体可以发现，DCN-SR$_{CGRU}$ 效果明显优于 DCN-SR$_{GRU}$，这表明了上下文 GRU 网络的实用性。在两个数据集上，$\alpha=0.05$ 水平下，DCN-SR$_{GRU}$ 在 Recall@10 和 MRR@10 指标上相较于 STAMP 模型的改进是显著的，DCN-SR$_{CGRU}$ 在 Recall@10 指标上相较于 STAMP 的提升是显著的；在 $\alpha=0.01$ 水平上，DCN-SR$_{CGRU}$ 在 MRR@10 指标上相较于 STAMP 的提升是显著的。这些结果表明 DCN-SR$_{CGRU}$ 在 MRR 方面的提升比在 Recall 方面的提升更显著，也同时证明整合用户不同动作（如点击、收藏等）中所包含的信息，有助于学习更准确的用户短期偏好表示，从而提高推荐性能。随着推荐列表长度的变化，可以看到当推荐数量 N 从 5 变化到 15 时，在指标 Recall 和 MRR 上，所有模型均有所提高，因为推荐数量的增加也会提高推荐真实物品的概率。

5.5.3　不同会话长度对模型的影响

为回答研究问题 3，本节探索不同的会话长度对推荐模型的影响。我们将测试集中的会话分为短会话（不超过 5 个交互）、中会话（6 到 15 个交互）和长会话（超过 15 个交互），分别展示推荐模型在这些会话上的推荐效果。

从图 5-4 中可以看出，随着会话长度的增加，所有模型在 Tmall 数据集上的性能都有所提高，而在 Tianchi 数据集上的性能则有所下降。DCN-SR 模型在两个数据集不同的会话长度上，均获得了最好的推荐效果。具体来说，如图 5-4

(a) 和图 5-4 (c) 所示，在 Recall@10 指标上，NARM 和 STAMP 在三种长度的会话数据上都优于没有注意力机制的 GRU4Rec 模型。对比 SHAN 和 HRNN 模型，虽然两者都有层次结构且都考虑了用户长期历史行为，但 SHAN 在所有会话长度上都表现出了比 HRNN 更好的推荐效果，这也证明了使用注意力机制来结合用户长期和短期偏好的有效性。在短会话场景下，NARM 模型的效果比 STAMP 要好，这可能是因为短会话包含的信息比长会话少，而基于 RNN 的模型，即 NARM，可以提供额外的位置和时序信息，从而优于 STAMP 模型。

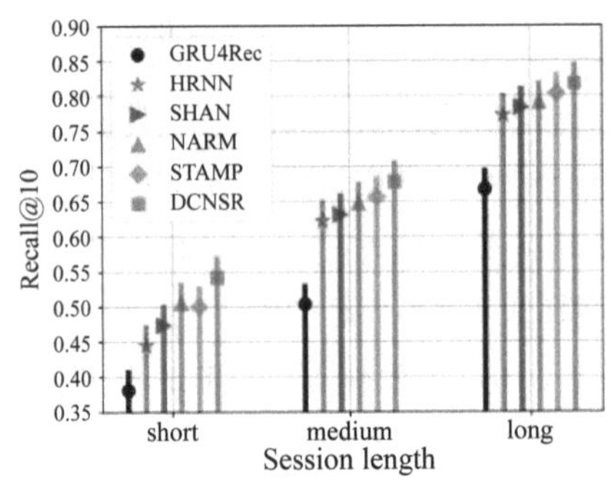

(a) Tmall数据集上的Recall@10性能

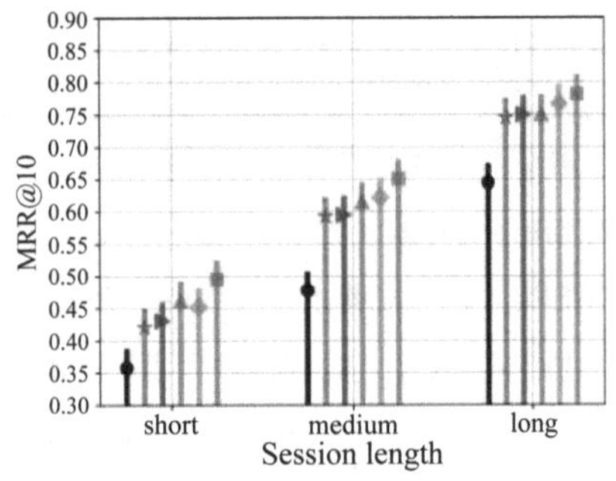

(b) Tmall数据集上的MRR@10性能

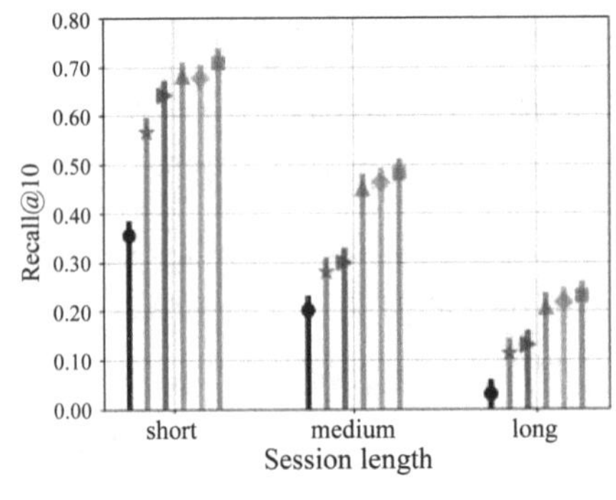

(c) Tianchi数据集上的Recall@10性能

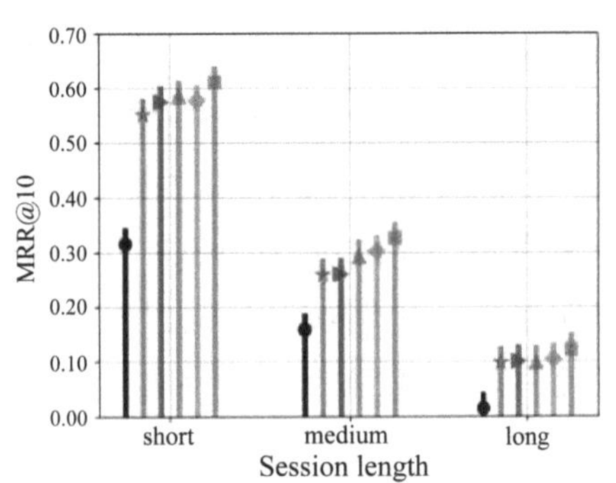

(d) Tianchi数据集上的MRR@10性能

图 5-4 用 Recall@10 和 MRR@10 衡量不同会话长度对六种模型性能的影响

如图 5-4 (b) 和 5-4 (d) 所示，在 MRR@10 指标上，实验结果有类似的趋势。DCN-SR 较 STAMP 在 MRR@10 指标上的提升比 Recall@10 指标上的提升更加明显，这与我们在表 5-2 中的发现一致。在 Tmall 数据集上，DCN-SR 较 STAMP 在 MRR@10 指标上的提升分别为 9.03% (短会话)、4.54% (中会话) 和 1.83% (长会话)，而在 Recall@10 指标上的提升分别为 8.02% (短会话)、3.21% (中会话) 和 1.72% (长会话)。在 Tianchi 数据集上，DCN-SR 较

STAMP 在 MRR@10 指标上的提升分别为 7.33%（短会话）、6.42%（中会话）和 3.82%（长会话），而在 Recall@10 指标上的提升分别为 5.02%（短会话）、3.69%（中会话）和 1.74%（长会话）。DCN-SR 的改进在短会话中比在长会话中更明显。这可能是因为：DCN-SR 考虑了用户长期历史行为信息，并采用交互注意力网络丰富用户短期偏好表示；CGRU 网络整合了用户的动作信息，提供了与用户交互意图有关的额外信息。

5.5.4　不同历史行为长度对模型的影响

为了回答研究问题 4，本节探索不同的历史行为长度对推荐模型的影响。我们根据用户历史交互的长度 H 对数据集进行划分，将用户分成八组：$H<100$，$H\in[100，200)$，$H\in[200，300)$，$H\in[300，400)$，$H\in[400，500)$，$H\in[500，600)$，$H\in[600，700]$ 和 $H>700$。为了探索用户历史交互的长度对推荐性能的影响，我们将 DCN-SR 的性能与除 Item-pop 和 FPMC 之外的五个基线模型进行了比较，结果如图 5-5 所示。

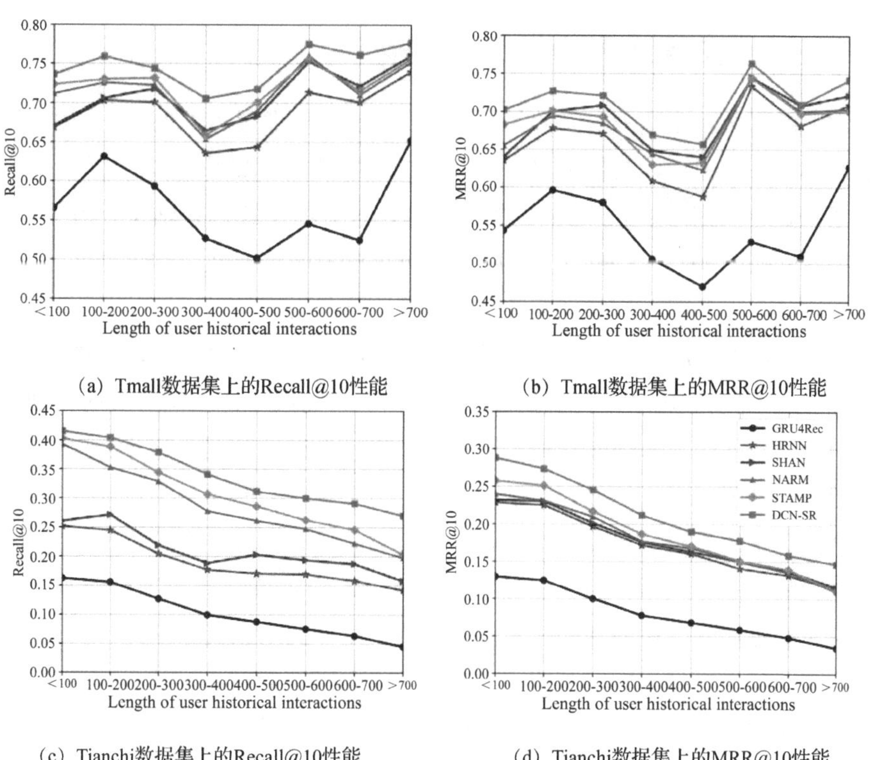

（a）Tmall数据集上的Recall@10性能

（b）Tmall数据集上的MRR@10性能

（c）Tianchi数据集上的Recall@10性能

（d）Tianchi数据集上的MRR@10性能

图 5-5　在 Tmall 和 Tianchi 数据集上测试六个模型的不同历史交互次数对 Recall@10 和 MRR@10 性能的影响

在两个数据集上，DCN-SR 在八组用户上均获得了最佳推荐效果。在 Tmall 数据集上，当用户的历史交互数量增加时，所有模型的推荐效果发生波动，但总体上呈上升趋势。随着交互次数的增加，DCN-SR、SHAN 和 HRNN 的性能比 STAMP 和 NARM 提高得更明显。例如，当历史交互次数超过 700 时，SHAN 在 Recall@10 和 MRR@10 指标上比 STAMP 和 NARM 的性能更好。当历史交互的数量从第七组（[600，700]）增加到第八组（> 700）时，DCN-SR 和 STAMP 在 MRR@10 指标上的差距增加。

对于 Tianchi 数据集，随着用户历史行为数量的增加，所有模型的性能在 Recall@10 和 MRR@10 指标上都有所下降。DCN-SR、SHAN 和 HRNN 模型的下降速度比 STAMP 模型和 NARM 模型要慢，这与我们在图 5-5（a）和 5-5（b）中的发现一致。和 STAMP 模型相比较，DCN-SR 在第五组（$H \in [400，500)$）、第六组（$H \in [500，600)$）、第七组（$H \in [600，700]$）、第八组（$H > 700$）下 Recall@10 指标分别提高了 9.03%、14.27%、18.19%和 32.51%。这表明了使用个性化策略，即考虑用户的长期偏好可以有效提高推荐性能。

5.5.5 交互注意力机制可视化

为了说明交互注意力机制的作用，我们在图 5-6 中展示了两个用户的推荐实例。对于每一个用户，我们从 Tianchi 数据集中的测试集中随机选择两个会话，因为 Tianchi 数据集包含了物品的类别信息，这有助于我们评估交互行为之间的关联关系。在图 5-6 中，颜色的深度表示交互行为的重要性，颜色越深，交互行为就越重要。条形图上方的红色数字是相应物品的类别。

DCN-SR 能够展示出预测用户下一次交互的许多影响因素，如图 5-6 所示（图中颜色的深浅表示事件的重要性。条形图上方的数字是相应项目的类别）。虽然同一个用户的两个短期会话拥有同样的历史行为记录，但是这些历史行为的重要度分布却是不同的。例如，对于用户 A，历史交互中的第一个行为在会话 1 中比在会话 2 中的重要度更高。此外，与目标物品具有相同类别的物品比其他物品具有更大的注意力权重。因为物品的类别可以一定程度上反映用户的兴趣偏好，从而说明交互注意力机制在一定程度上捕获了用户的动态兴趣偏好。

会话中的交互行为对于预测用户的偏好也有不同的权重，这也表明 DCN-SR 可以选择对预测用户偏好较为重要的行为，忽略噪声行为。此外，接近会话结束时的交互行为通常具有更高的重要性，这在用户 B 的会话 1 中表现尤为明显。这也同时证明在交互注意力机制中考虑用户最后的交互行为有助于提高推荐性能。

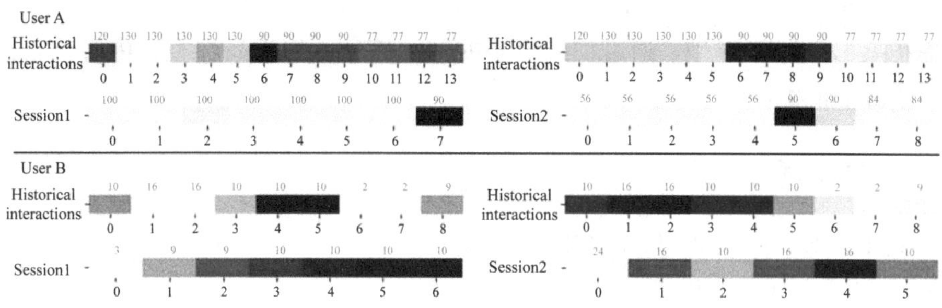

图 5-6　交互注意力图示

在一个会话中，有一些重要的交互行为并不一定是用户最后的几次交互。例如，在用户 A 的会话 2 中，第六个事件比最后一个事件更重要。这可能是由于用户的兴趣漂移导致。DCN-SR 可以识别出这种行为，同时赋予该次交互较高的权重。通过以上分析可以发现，交互注意力机制能够捕获用户历史交互和当前交互中反映用户当前兴趣偏好的重要事件。

5.6　本章小结

本章提出一个基于用户长短期行为动态交互的个性化推荐方法，即 DCN-SR。DCN-SR 采用交互注意力网络捕获用户的长期和短期交互行为之间的动态关系，并生成相关用户长期和短期偏好表征。它不仅同时利用了用户长短期行为信息，而且还考虑了用户长期和短期偏好之间的动态关联关系。此外，为了建模用户的短期兴趣偏好，本章设计了一个上下文的 GRU 网络来考虑用户不同的动作信息，因为不同类型的动作行为，如点击、收集和购买，可以为建模用户未来偏好提供更多信息。

本章实验结果表明了 DCN-SR 模型在不同的会话长度和不同数量的用户历史交互条件下的有效性和鲁棒性。DCN-SR 应用在不同的会话长度上，其推荐效果均优于最佳的基线模型，特别是对于较短的会话，其推荐效果提升明显。对于具有不同历史交互数量的用户，DCN-SR 的推荐效果均优于最佳的基线模型 STAMP。

至于未来的工作，一方面，我们考虑探索不同的动作序列中包含的信息在推荐模型中的作用，例如，点击—点击—购买和点击—点击—收集。因为用户的动作序列较单个动作[34-36] 而言往往可以提供更多的上下文信息。另一方面，我们考虑扩展 DCN-SR 模型，通过加入更多的辅助信息，如物品种类、内容等信息，来丰富物品的表征[37-39]。

本章参考文献

[1] DONKERS T，LOEPP B，ZIEGLER J. Sequential user-based recurrent neural network recommendations [C] // RecSys’ 17. 2017：152-160.

[2] ZHANG S，YAO L，SUN A X. Deep learning based recommender system：a survey and new perspectives [J] . arXiv preprint arXiv：1707. 07435，2017.

[3] TANG J X，WANG K. Personalized top-n sequential recommendation via convolutional sequence embedding [C] // WSDM’ 18. 2018：565-573.

[4] ZHANG S，YAO L，SUN A X，et al. NeuRec：on nonlinear tansformation for personalized ranking [J] . arXiv preprint arXiv：1805，03002. 2018.

[5] HE X N，HE Z K，DU X Y，et al. Adversarial personalized ranking for recommendation [C] // SIGIR ’ 18. 2018：355-364.

[6] KOREN Y. Factorization meets the neighborhood：a multifaceted collaborative filtering model [C] // KDD’ 08. 2008：426-434.

[7] WU B，CHENG W H，ZHANG Y D，et al. Sequential prediction of social media popularity with deep temporal context networks [C] // IJCAI ’ 17. 2017：3062-3068.

[8] HE R N，MCAULEY J. Fusing similarity models with markov chains for sparse sequential recommendation [C] // International Conference on Data Mining. 2016：191-200.

[9] RENDLE S，FREUDENTHALER C，SCHMIDT-THIEME L. Factorizing personalized markov chains for next-basket recommendation [C] // WWW ’ 10. 2010：811-820.

[10] WANG P F，GUO J F，LAN Y Y，et al. Learning hierarchical representation model for next basket recommendation [C] // SIGIR ’ 15. 2015：403-412.

[11] QUADRANA M，KARATZOGLOU A，HIDASI B，et al. Personalizing session-based recommendations with hierarchical recurrent neural networks [C] // RecSys ’ 17. 2017：130-137.

[12] YU F，LIU Q，WU S，et al. A dynamic recurrent model for next basket recommendation [C] // SIGIR ’ 16. 2016：729-732.

[13] WANG S J，CAO L B，WANG Y. A survey on session-based recommender systems [J] . CoRR，2019，abs/1902. 04864.

[14] JANNACH D. Keynote：session-based recommendation-challenges and recent advances [C] // KI 2018：Advances in Artificial Intelligence. Cham，2018：3-7.

[15] REN P J，CHEN Z M，LI J，et al. RepeatNet：a repeat aware neural recommendation

machine for session-based recommendation [C] // AAAI ' 19. 2019.

[16] VAN GYSEL C, DE RIJKE M, KANOULAS E. Mix' n match: integrating text matching and product substitutability within product search [C] // CIKM ' 18. 2018: 1373-1382.

[17] HOFMANN K, SCHUTH A, WHITESON S, et al. Reusing historical interaction data for faster online learning to rank for information retrieval [C] // WSDM ' 13. 2013: 183-192.

[18] FENG S S, LI X T, ZENG Y F, et al. Personalized ranking metric embedding for next new POI recommendation [C] // IJCAI' 15. 2015: 2069-2075.

[19] HIDASI B, KARATZOGLOU A, BALTRUNAS L, et al. Session-based recommendations with recurrent neural networks [C] // ICLR' 16. 2016: 1-10.

[20] TAN Y K, XU X X, LIU Y. Improved recurrent neural networks for session-based recommendations [C] // DLRS 2016. 2016: 17-22.

[21] CHEN X, XU H T, ZHANG Y F, et al. Sequential recommendation with user memory networks [C] // WSDM ' 18. 2018: 108-116.

[22] HE X N, HE Z K, SONG J K, et al. NAIS: neural attentive item similarity model for recommendation [J]. IEEE Trans. Knowledge and Data Engineering, 2018, 30 (12): 2354-2366.

[23] TAY Y, ANH TUAN L, HUI S C. Latent relational metric learning via memory-based attention for collaborative ranking [C] // WWW ' 18. 2018: 729-739.

[24] MA C, ZHANG Y X, WANG Q L, et al. Point-of-interest recommendation: exploiting self-attentive autoencoders with neighbor-aware influence [C] // CIKM ' 18. 2018: 697-706.

[25] LI J, REN P J, CHEN Z M, et al. Neural attentive session-based recommendation [C] // CIKM ' 17. 2017: 1419-1428.

[26] YING H C, ZHUANG F Z, ZHANG F Z, et al. Sequential recommender system based on hierarchical attention networks [C] // IJCAI' 18. 2018: 3926-3932.

[27] LIU Q, ZENG Y F, MOKHOSI R, et al. STAMP: short-term attention/memory priority model for session-based recommendation [C] // KDD ' 18. 2018: 1831-1839.

[28] HE X N, LIAO L Z, ZHANG H W, et al. Neural collaborative filtering [C] // WWW ' 17. 2017: 173-182.

[29] XUE H J, DAI X Y, ZHANG J B, et al. Deep matrix factorization models for recommender systems [C] // IJCAI ' 17. 2017: 3203-3209.

[30] ADOMAVICIUS G, TUZHILIN A. Toward the next generation of recommender systems: a survey of the state-of-the-art and possible extensions [J]. IEEE Trans. Knowledge

and Data Engineering, 2005, 17 (6): 734-749.

[31] LIU Q, WU S, WANG L. Multi-behavioral sequential prediction with recurrent log-bilinear model [J] . IEEE Trans. Knowledge and Data Engineering, 2017, 29 (6): 1254-1267.

[32] KINGMA D, BA J. Adam: a method for stochastic optimization [J] . arXiv preprint arXiv: 1412. 6980, 2014.

[33] CHEN W Y, CAI F, CHEN H H, et al. Attention-based hierarchical neural query suggestion [C] // SIGIR ' 18. 2018: 1093-1096.

[34] WAN M T, MCAULEY J. Item recommendation on monotonic behavior chains [C] // RecSys ' 18. 2018.

[35] GEHRING J, AULI M, GRANGIER D, et al. Convolutional sequence to sequence learning [J] . CoRR, 2017, abs/1705. 03122.

[36] BORISOV A, WARDENAAR M, MARKOV I, et al. A click sequence model for web search [C] // SIGIR ' 18. 2018: 45-54.

[37] ZHENG L, NOROOZI V, S YU P. Joint deep modeling of users and items using reviews for recommendation [C] // WSDM ' 17. 2017: 425-434.

[38] TAY Y, TUAN L A, HUI S C. Multi-pointer co-attention networks for recommendation [J] . CoRR, 2018, abs/1801. 09251.

[39] HE X N, CHEN T, KAN M Y, et al. TriRank: review-aware explainable recommendation by modeling aspects [C] // CIKM ' 15. 2015: 1661-1670.

第6章　基于社交网络表征学习的时序推荐方法

6.1　引　言

冷启动一直是推荐系统面临的主要挑战之一，冷启动问题包括用户冷启动、物品冷启动和系统冷启动问题。其中用户冷启动涉及向之前没有购买或以其他方式表达过对物品的偏好的用户进行推荐，解决用户冷启动问题对于首次用户参与和保留非常重要，因此在各种智能平台上都具有至关重要的作用。传统协同过滤推荐算法对用户偏好的预测是建立在用户和物品的交互数据上的，因此对于缺乏交互信息的新用户无法为其进行推荐[1]。为了解决这一问题，早期推荐系统中使用基于物品的流行度推荐算法，虽然该方法能够缓解用户冷启动问题，但是不能为用户提供个性化的推荐，因此后来的研究主要是将一些内容信息引入协同过滤算法中解决用户冷启动问题[2]，通常考虑用户个人属性资料（例如，性别、国籍、年龄、位置等）和物品的内容信息（例如，音乐流派、电影导演、商品描述等），然而这些方法通常提供非常粗略的内容类型，对比基于流行度的推荐算法性能没有明显的提升。

随着社交网络的发展，越来越多的研究开始使用社交网络解决用户冷启动和稀疏性问题，这是因为来自用户朋友的反馈信息比用户本身的反馈信息更加丰富，使得推荐系统能够充分利用社交网络中用户－用户的联系来弥补用户－物品交互的稀疏和缺失的问题。目前的研究一般将社交网络集成到 MF 和 BPR 等传统隐语义模型中学习用户和物品的潜在特征[3]，虽然这些方法能够通过社交网络数据更好地挖掘冷启动用户的偏好，但是存在以下两个限制：①用户－物品交互数据和社交网络都存在着稀疏性问题，尤其对于冷启动用户，往往具有更少的社交关系。为了直观地看到真实的数据集中用户的社交关系数目的分布情况，本章首先将用户分为冷启动用户（用户－物品交互数少于 5）和非冷启动用户（用户—物品交互数大于 5），并设定用户社交关系的阈值分别为 5 和 10，然后在三个数据集上（数据集密集度 Last. fm＞Ciao＞Epinions）统计了用户的社交关系数目的分布情况，如图 6-1 所示。图 6-1（a）和图 6-1（b）分别表示对于一般用户和冷启动用户的社交关系数目的统计情况，可以观察到在最稀疏的 Epinions 数据集上，大多数一般用户和冷启动用户的社交关系数目都少于 5 个，超过 80％的冷启动用户的社交关系数目少于 10；在最密集的 Last. fm 数据集上也观察到类似的结果，超过 70％的冷启动用户的社交关系数目少于 10；在 Ciao 数据集上，相比于其他两个数据集，Ciao 数据集中非冷启动用户的社交关系数目较多，但是仍然有接近一半的冷启动用户的社交关系数目少于 10。由此可见社交网络的稀疏性问题，其会导致传统隐语义模型不能充分利用社交网络数据强化对于用户潜在特征的学习，因此限制了模型缓解用户冷启动问题的能力。②这些传统隐语义模型一般基于用户和朋友具有相似的兴趣偏好这一前提，但是并非社交关系中所有的用户和朋友之间具有相似的偏好，过多社交关系反而会产生噪声数据，影响模型的性能。例如，一个活跃用户通常有很多朋友，但是一些朋友可能与该用户具有不同的兴趣偏好，因此如何通过对社交网络的挖掘找到具有相似兴趣的用户仍然是一个需要解决的问题。

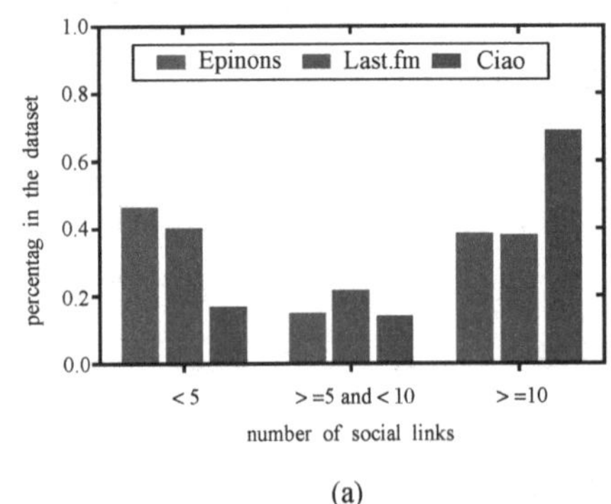

(a)

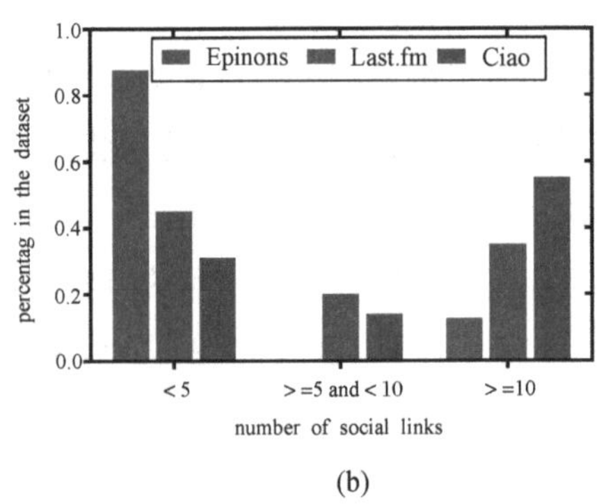

(b)

图 6-1　社交网络分布情况统计

基于以上两个问题，本章首先使用网络表征学习方法（network representation learning，NRL）对社交网络进行深入的挖掘。网络表征学习方法在社交网络、推荐系统、自然语言等领域都取得了显著的成功[4-7]。其中，Node2vec 是一种半监督的表示学习方法，能够独立于隐语义模型预先对社交网络进行预学习，而且具有很好的拓展性，是网络表征学习领域中经典有效的学习方法，相比于隐语义模型能够对社交网络的复杂结构进行更好的挖掘。因此本章首先利用 Node2vec 方法根据社交网络来预训练用户的社交隐特征表示（social latent features），并基于此分析用户之间的关联程度，为每个用户找到一组新的关联程度大的用户——网络邻居（network neighbors），替代社交网络中的原始信任关系，接下来再基于隐语义模型建模社交网络影响的用户偏好。

此外，用户的兴趣是随时间变化的，并且用户兴趣的动态变化在很大程度上会受到社交关系的影响，例如在购买商品的时候或者浏览新闻的时候，用户经常会受到来自朋友用户近期的推荐，因此，根据社交网络学习动态的用户偏好能够更加深入的挖掘社交网络对用户偏好的影响。基于以上考虑，本章设计了一个时序推荐模型，充分利用社交网络建模用户的长期和短期偏好。时序推荐是根据用户的历史行为序列建模物品之间的时序转移关系，从而分析动态的用户偏好，并为其推荐感兴趣的下一个物品，在该领域，很多研究基于马尔可夫链（Markov chains）构建时序模型，例如 Rendle 等提出了个性化马尔可夫分解模型（factorizing personalized Markov chains，FPMC）来建模用户序列中物品的转移概率[8]。然而，大多数方法只考虑用户自身的历史反馈数据，导致算法面临稀疏性和冷启动等问题，因此，本章将社交网络引入时序模型以更加合理地预测用户的动态偏好。

基于以上讨论，本章利用社交网络和时序信息，提出了一个联合的个性化马尔可夫推荐模型（joint personalized Markov chains-based recommendation model）。首先，本章使用网络表征学习方法挖掘用户的社交隐特征，为了缓解社交网络数据的稀疏性，在网络表征学习的过程中，本章根据用户的历史行为的相关性在社交网络中加入一些用户关系——隐式社交关系（原始社交网络中用户之间的关系为显式社交关系），本章认为具有相似历史行为的用户具有潜在的信任关系，通过加入隐式社交关系，能够缓解社交稀疏性对网络表征学习的影响，从而更好地学习用户的社交隐特征；接下来，本章根据预训练的社交隐特征为每个用户选取出一组相关性比较大的用户群体——网络邻居，代替社交网络中的显式社交关系，并基于网络邻居建立了静态社交增强矩阵和动态社交感知序列以建模社交网络对用户长期和短期偏好的影响；最后，本章基于 FPMC 设计了一个联合分解框架，为用户推荐下一个感兴趣的物品。本章的主要贡献包括：

①为了从社交网络中挖掘深层次的信任关系，以缓解社交稀疏性和噪声数据问题，本章独立于传统隐语义模型预学习用户在社交网络中的特征表示——社交隐特征，之后根据预训练的社交隐特征为每个用户选取与其关联性强的用户群体

——网络邻居，并使用网络邻居代替社交网络中的显式信任关系。

②为了缓解社交网络稀疏性对网络表征学习方法的影响，本章在网络表征学习过程中，根据用户的历史反馈的相似性在社交网络中增加了隐式社交关系，提升了网络表征学习方法对社交网络数据的挖掘能力，更好地学习用户的社交隐特征。

③为了建模社交感知的动态用户偏好，本章基于网络邻居构建静态社交增强矩阵（static social augmented matrix），建模社交网络数据对静态用户偏好的影响；并进一步根据时序信息构建了动态社交感知序列（dynamic social-aware sequence），通过该序列考虑了用户和网络邻居之间的多种物品转移概率，建模社交网络数据对动态用户偏好的影响。

④为了学习用户的长期和短期偏好，本章在动态社交感知序列的基础上，设计了一个联合的分解框架，通过联合学习强化了 FPMC 模型对潜在用户特征和物品特征的学习，有效地学习了社交网络数据影响下的用户偏好。

⑤本章在三个真实的数据集上对模型进行了验证，并和一些先进的基线方法进行比较。实验结果显示 JPMC 模型能够明显提高推荐准确率，在解决稀疏性问题、用户冷启动问题上具有较好的效果，尤其能够有效地缓解社交网络的稀疏性问题。

6.2 相关工作分析

6.2.1 基于社交网络的推荐算法分析

随着社交网络的发展，将社交网络数据融入隐语义推荐框架中，成为一个主要的研究方向[9-14]。最早的时候，Ma 等人提出了 SoRec 模型，该模型作为第一个基于协同矩阵分解框架的社交推荐算法，在概率矩阵分解模型的基础上将用户—物品矩阵和社交关系矩阵同时进行分解，并在两个矩阵的分解过程中使用共享的用户特征[9]；之后，他们又提出了一个 RSTE 模型（recommendations with social trust ensemble）[15]，该模型根据用户的所有信任关系的偏好信息对用户最终评分的影响进行建模，将用户对物品的预测评分与用户的信任好友对该物品的预测评分进行加权平均以得到用户对物品的最终预测评分；此外，Jamali 等人提出了一个基于概率矩阵分解的社交推荐模型 SocialMF，该模型考虑了社交传播的影响，认为每个用户的特征依赖于其在社交网络中的直接邻居的特征向量，通过用户的信任好友的特征向量的加权平均得到用户特征表示[13]；Yang 等人提出了 TrustMF 模型，该模型考虑了社交关系的双向传播，捕捉社交关系对信任者和受信任者的双重影响[10]；Fang 等人从四个维度对信任关系进行衡量，并进一步采用支持向量回归技术将其合并到矩阵分解模型中进行评分预测[11]；Guo 等人设计了 TrustSVD 模型[12]，该模型在 SVD＋＋模型[16] 的基础上考虑了显式和隐式社交影响，并针对不同的正则化参数使用不同的权重，更好地缓解过拟合问题。还有一些工作将社交网络数据整合到 BPR 模型框架中[17-20]。例如，Zhao 等人提出了一个 SBPR 模型，该模型认为用户倾向于对其朋友喜欢的物品赋予更高的排名，因此该模型根据社交网络数据改善用户的候选物品排序，显著提高了冷启动情况下的推荐准确性[20]；Pan 等人提出了一个 GBPR 模型，该模型引入了“群体偏好”的概念，聚合用户所在的兴趣组中的用户偏好来学习用户特征，进一步考虑了更丰富的用户交互对用户偏好的影响[18]。

6.2.2　基于时序的推荐算法分析

本章基于马尔可夫链（Markov chains，MC）构建时序推荐模型，马尔可夫链是将时序数据视为离散随机变量的随机过程，作为时序推荐中的一种主要的方法被广泛应用，很多研究使用基于马尔可夫链来构建时序推荐模型[21-26]。例如，Rendle 等人结合马尔可夫链和矩阵分解提出了 FPMC 模型（factorizing personalized Markov chains），该模型通过对如图 6-2 所示的转移张量的分解捕获用户的长期和短期偏好[27]。在一阶 FPMC 方法中，给定一个用户和物品，我们只考虑距离当前物品最近的上一个物品和用户的交互，用户对于当前物品 i 的评分如下：

$$\hat{x}_{u,i,l}=(v_u^{U,I},\ v_i^{I,U})+(v_i^{I,L},\ v_i^{L,I}) \tag{6-1}$$

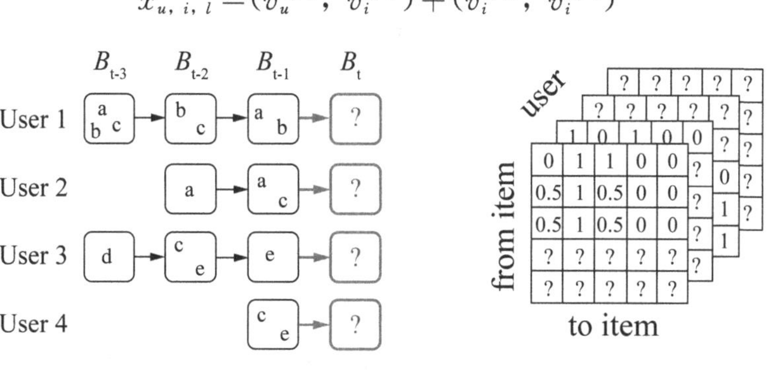

图 6-2　FPMC 模型原理图

在此基础上，He 等人提出了 Fossil，该模型将基于相似性的模型与高阶马尔可夫链融合，能够处理时序推荐中的稀疏性问题[22]；He 等人还提出了一个社交感知的个性化马尔可夫模型 SPMC（socially-aware personalized Markov chains），该模型通过用户和朋友的潜在特征的内积来衡量两个用户之间的“亲近度”，并使用用户的朋友的最近活动和用户的最近活动共同建模动态的用户偏好，该模型还针对时序推荐模拟了用户冷启动场景，证明了该模型能够有效缓解用户冷启动问题，但是该模型没有考虑社交关系对长期用户偏好的影响[22]；Song 等人提出了一个 STAR 模型（states transition pair-wise ranking model），该模型基于物品转移序列图，结合主题模型和协同过滤模型，设计了用于参数学习的成对排序损失函数，学习用户的长期和短期偏好[23]；Chen 等人考虑了个性化推荐时用户的兴趣遗忘问题，提出了一个将兴趣遗忘属性与马尔可夫链相结合的模型框架，以更好地模拟智能化的个性化推荐决策[25]。

本章的工作和以上提到的工作的主要区别在于：首先，本章在建立时序模型的时候还考虑了社交网络对用户偏好的影响；其次，本章模型没有直接将社交网络整合到隐语义模型中，而是通过对社交网络更深入地挖掘得到网络邻居，并为每个用户构建了一个静态增强矩阵和动态社交感知序列，同时建模社交网络对用户长期和短期偏好的影响，更加有效地缓解了用户冷启动问题。

6.3 模型描述

6.3.1 问题分析与模型框架

本节对提出的联合的个性化马尔可夫推荐模型（joint personalized Markov chains-based recommendation model，JPMC）进行介绍，模型包括三个主要的模块：网络表征学习、社交影响建模和联合分解框架。本章提出了一个基于隐反馈的时序推荐模型，因此本章模型的输入包括：用户对于物品的隐反馈数据、社交网络数据和时序信息数据。设定用户集合为 U，物品集合为 J，对于每个用户 $u \in U$，本章使用 J_u^+ 表示与用户 u 有交互的物品集合。此外，每个用户 $u \in U$ 具有一组按照交互时间排序的物品序列 $S_u=\{x_1, x_2, x_3, \cdots, x_t\}$，$\forall x_t \in J_u^+$，其中 x_t 是用户 u 在时间 t 时刻交互的物品。本章用到的符号如表 6-1 所示。为了更好描述模型内容，本章还具有如下定义：

定义 1　网络邻居（network neighbors）：给定用户 u，设定 G_u 表示用户 u 的网络邻居集合，这些网络邻居是本章从社交关系中挖掘出的和用户 u 具有相似社交隐特征的用户。

定义 2　社交隐特征（social latent features）：本章定义通过网络表征挖掘社交网络得到的用户特征表示为社交隐特征。

表 6-1　本章模型中的重要符号

符号	描述
U，J	用户/物品集合
u，i	用户 $u \in U$，物品 $i \in J$
S_u	用户序列
J_u^+	用户 u 的正样本集合
$v_u^{U,I}$，$v_i^{I,U}$	用户/物品的潜在特征向量
$v_i^{I,L}$，$v_i^{L,I}$	物品的潜在特征向量
$\hat{x}_{u,i,l}$，$\hat{y}_{u,i,l}$	给定上一个物品 l，用户 u 对物品 i 的估计评分
W	用户物品交互矩阵
D_T	用户序列中（u，i，l）集合
D_G	动态社交感知序列中（u，i，l）集合
G	社交网络表示
Θ	参数集合
λ	学习率
β	正则化参数
α	平衡系数
d	潜在特征维度
N_g	网络邻居数目
M	用户数目
N	物品数目

JPMC 模型的框架如图 6-3 所示，模型根据输入的用户—物品交互矩阵，社交网络以及用户的物品序列，首先通过网络表征学习为每个用户选取一组网络邻居；接下来根据网络邻居构造静态社交增强矩阵和动态社交感知序列；最后设计联合的分解框架学习用户的长期和短期偏好，并为其推荐下一个感兴趣的物品。

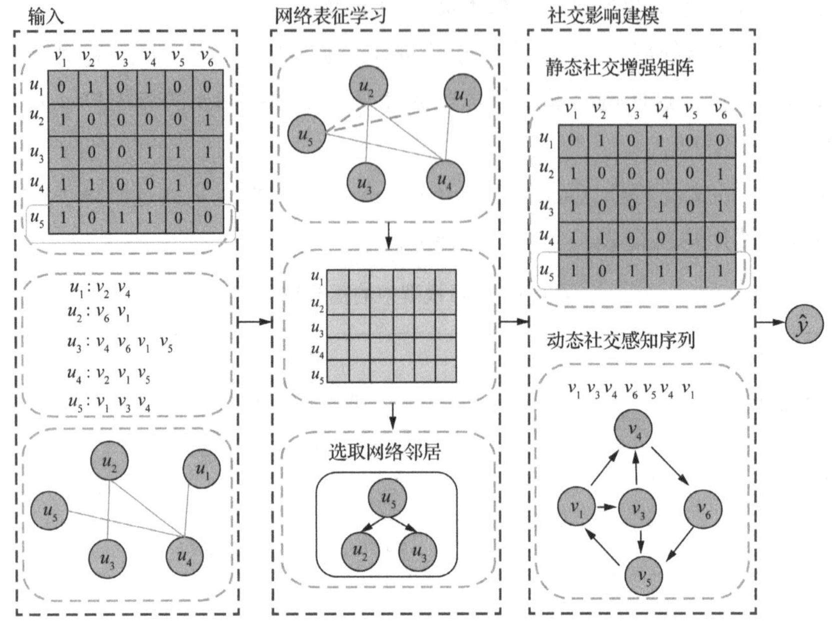

图 6-3 JPMC 模型框架示意图

6.3.2 网络表征学习模块

社交网络包含用户间的复杂联系，可以帮助推荐系统更好理解用户的偏好。但是之前的研究中直接根据用户的社交关系学习用户的偏好，模型会受到社交网络数据的稀疏性以及噪声数据的影响，限制了模型利用社交网络数据解决用户冷启动等问题的能力。因此，需要模型能够从社交网络数据中提取出更加关键的信息以建模用户之前的偏好影响。此外，传统的隐语义模型对于社交网络数据的挖掘能力也会受到社交网络数据稀疏性的影响，需要使用更加适应于社交网络的挖掘方法对其进行深入学习。考虑到网络表征学习方法相比传统隐语义模型能够提升对于图数据的处理能力，本章首先采用网络表征学习方法对社交网络进行挖掘，具体学习步骤如下：

（1）建立隐式社交关系

由于社交网络中信任关系存在稀疏性问题，本章模型首先通过增加一些辅助的用户－用户信任关系，来更好地学习用户的社交隐特征。为此，本章认为历史行为相似的用户在偏好上具有更强的相似性，因此模型根据用户的历史反馈数据，使用点互信息（pointwise mutual information，PMI）来计算社交网络中任意两个用户的相关性。PMI 已经被广泛用于信息检索等研究领域，用于衡量两个实体之间的共现概率，其公式如下所示：

$$\mathrm{PMI}(u, v)=\frac{\#(u_1, u_2)\cdot D}{\#(u_1)\cdot\#(u_2)} \tag{6-2}$$

其中，$\#(u_1, u_2)$ 表示和用户 u_1 和用户 u_2 都有交互的物品数，$D=\sum_{(u_1, u_2)}\#(u_1, u_2)$，$\#(u_1)=\sum_{u_2}\#(u_1, u_2)$ 表示和用户 u_1 有交互的物品数，$\#(u_2)=\sum_{u_1}\#(u_1, u_2)$ 表示和用户 u_2 有交互的物品数。

根据 PMI 的计算公式，PMI 的值越大，表示两个用户之间的相关性越强，因此本章认为具有更大 PMI 值的用户之间具有潜在的信任关系，并称这些用户之间的联系为隐式社交关系。模型根据 PMI 的值对任意两个用户的相关性进行排序，为每个用户选取与之关联性最大的 N_1 个用户，设定原来的显式社交网络为 G_1，隐式社交网络为 G_2，新的社交网络则表示为 $G=G_1\cup G_2$。

（2）网络表征学习

接下来，本章基于新的社交网络采用基于随机游走的 Node2vec 模型进行网络表征学习，Node2vec 模型设计了一种灵活的带有偏重的随机游走策略，将表征学习定义为一个最大似然优化问题，定义的目标函数如下：

$$\max_f\sum_{n\in V}\log Pr(N_S(u)\mid f(u)) \tag{6-3}$$

其中，f 是将节点映射到向量特征表示的函数，对于每个节点 $u\in V$，V 是所有节点的集合，定义了 $N_S(u)\subset V$ 为利用采样策略 S 从节点 u 的邻居节点集合采样得到的节点集合。

在本章模型中 Node2vec 算法的输入包括：节点集合为所有的用户节点集合，节点网络为 G。此过程是独立于隐语义模型对社交网络进行预学习，算法输出用户的社交隐特征，之后，我们使用余弦相似性计算任意两个用户的社交隐特征向量的相似度，计算公式如下：

$$\mathrm{cosine}(p, q)=\frac{p^{\mathrm{T}}q}{\|p\|\|q\|} \tag{6-4}$$

其中，p 和 q 是任意两个用户的社交隐特征向量。

最后，模型根据余弦相似性为每个用户选取 N_g 个用户作为他们的网络邻居 G_u 代替原始社交网络中的信任关系，这些用户和目标用户在社交隐特征上具有更高的相似性，因此对目标用户的偏好影响程度优于简单的信任关系，本章在实验部分对此进行了验证和分析。

6.3.3 社交影响强度建模

接下来，本章模型基于网络邻居分别建模静态和动态的社交影响，构建了静态社交增强矩阵（static social augmented matrix）和动态社交感知序列（dynamic social-aware sequence）。

（1）静态社交增强矩阵

基于网络邻居和原始的用户－物品交互矩阵 W ，可以得到一个静态社交增强矩阵如下：

$$w_{ui}=\begin{cases}1, & \text{如果物品 } i \text{ 和用户 } u \text{ 或其网络邻居有交互} \\ 0, & \text{其他}\end{cases} \tag{6-5}$$

其中，w_{ui} 指的是交互矩阵中用户对物品的评分值。本章模型处理的是隐反馈推荐问题，因此用户－物品交互矩阵的值为 0 或者 1。

从图 6-3 中可以看到，在静态社交增强矩阵中包括了目标用户和两种类型物品的交互：在原始用户－物品交互矩阵中和目标用户有交互的所有物品；在原始用户－物品交互矩阵中和用户的网络邻居有交互的物品。本章建立静态增强矩阵的目的是：之前基于社交网络的研究已经证明了用户的长期偏好会受到信任关系的影响，因此本章认为，用户的长期偏好同样会受到网络邻居的影响，这是因为选取的网络邻居和目标用户在社交网络的向量空间中具有更加相似的表示，具有比传统信任关系更强的相关性，因此用户会倾向于喜欢其网络邻居偏好的物品。

（2）动态社交感知的物品转移序列

为了建模社交网络对于动态用户偏好的影响，模型基于静态社交增强矩阵和时序信息构建了一个物品转移序列，称为动态社交感知序列，其构建过程如图 6-4 所示，从图中可以看出，本章将静态社交增强矩阵中与用户交互过的物品，按照各自出现的时间进行排序，得到一个新的序列，即为动态社交感知序列。相比原始的用户序列，在这个新的序列中，模型考虑了更多类型的物品之间的转移关系，除了原始序列中的物品转移关系，这些转移关系还包括三类：①不同网络邻居之间的物品转移关系，网络邻居用户是经过网络表征学习，选择出来的那些和目标用户相似度更高的用户，这些用户在社交网络中也具有一定的相关性，因此我们考虑了不同网络邻居的物品之间的转移关系，建模这些用户之间的偏好的互相影响情况；②网络邻居到目标用户的物品转移，这种情形和之前的大多数研究类似，考虑从与信任的用户交互过的最近的一个物品到目标用户的物品转移，建模社交网络中的信任关系对于用户动态偏好的影响；③目标用户到网络邻居的物品转移，模型还考虑了目标用户对于网络邻居的影响，因为他们的影响是互相的，所以目标用户和网络邻居在动态的偏好上也具有一致性。这三种物品转移关系共同组成了动态社交感知序列，由此可见，模型根据用户和其网络邻居与物品交互的时间，为每个用户构造了一个能够学习更多物品转移关系的全局的序列，在这个物品序列中考虑了更多的用户之间的交互影响，而不仅仅考虑情况②对用户偏好的影响。通过对该包含更多有效的物品转移关系的序列，以及用户的原始物品序列的共同学习，模型能够更好缓解时序推荐系统中的稀疏性和冷启动问题，本章在实验中也证明了这几种物品转移关系对于模型性能提升的有效性。

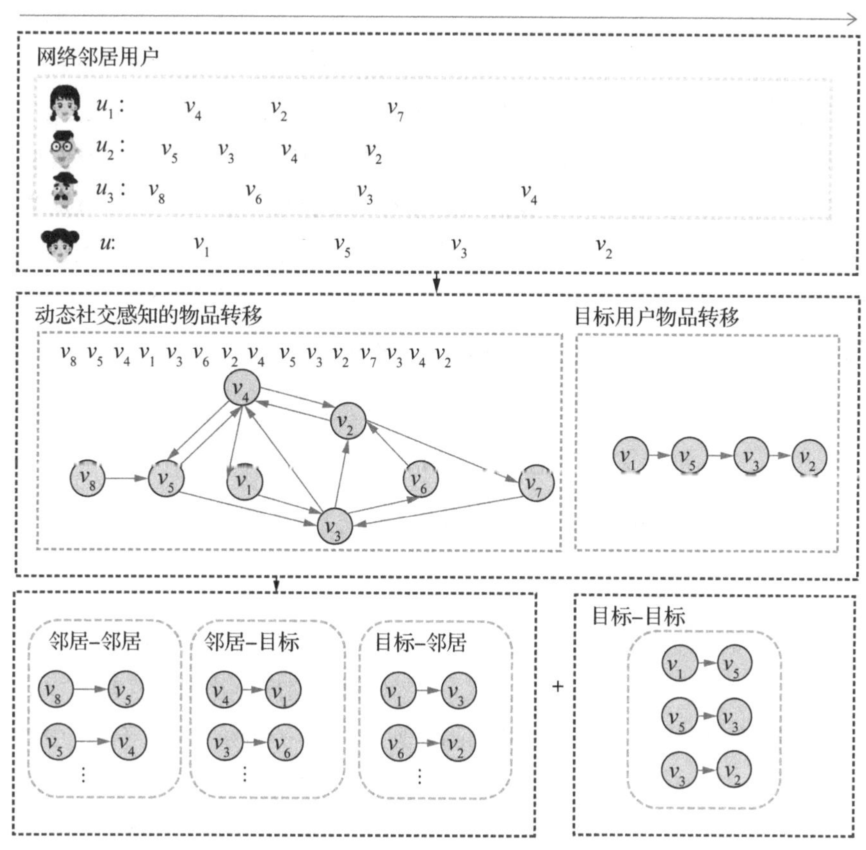

图 6-4 动态社交感知序列示意图

6.3.4 联合分解框架

在建模了社交网络对于用户静态和动态偏好的影响后，本章基于 FPMC 模型设计了一个联合分解的框架学习用户偏好，并为其推荐下一个可能感兴趣的物品。FPMC 框架是马尔可夫链和矩阵分解方法的结合，通过对<用户，当前物品，下一个物品>的转移张量 $A_u \in [0, 1]^{M \times N \times N}$ 进行分解，得到用户和物品的特征表示，进而估计用户对候选物品的评分并为其进行 Top-N 推荐。本章模型在此基础上还考虑了 $A_g \in [0, 1]^{M \times N \times N}$ 的转移张量，该张量是基于静态社交增强矩阵和动态社交感知序列建立的，张量中存在值的任意元组 $(u, l, i) \in A_g$ 中的物品 l 和物品 i 表示静态社交增强矩阵中与用户 u 有交互的物品，且物品 l 是物品 i 在用户 u 的动态社交感知序列中的上一个物品。基于转移张量 $A_g \in [0, 1]^{M \times N \times N}$ 和 $A_u \in [0, 1]^{M \times N \times N}$，本章提出了一个联合的马尔可夫分解框架，将社交影响融入 FPMC 框架中学习用户的长期和短期偏好。联合分解模型中已经在文献［28］［29］等研究中被证明能够有效强化单一分解模型的特征学习能力，提高隐语义模型的性能，因此，本章从用户级别和社交感知级别上分别建模复杂时序信息之间的关系，对 A_u 和 A_g 两个转移张量进行联合分解，深入学习用户和物品的特征表示。模型的损失函数如下所示：

$$
\begin{aligned}
\operatorname{argmax}_{\theta} &= \sum_{(u, i, j, l) \in D_T} \ln p(i >_{u, l} j \mid \Theta) + \alpha \sum_{(u, i, j, l) \in D_G} \ln p(i >_{u, l} j \mid \Theta) + \ln p(\Theta) \\
&= \sum_{(u, i, j, l) \in D_T} \ln \sigma(\hat{x}_{u, i, l} - \hat{x}_{u, j, l}) + \alpha \sum_{(u, i, j, l) \in D_G} \ln \sigma(\hat{y}_{u, i, l} - \hat{y}_{u, j, l}) - \beta_\theta \|\Theta\|_2^2
\end{aligned} \tag{6-6}
$$

其中，D_T 和 D_G 指的是训练的元组对集合，对于 D_T 中的每个 (u, i, j, l)，$u \in U$，$i \in (I_u)^+ \wedge j \in I \setminus (I_u)^+$，$J_u^+$ 是原始用户—物品交互矩阵中的正反馈（对应矩阵值为 1)，l 是用户 u 的物品序列中的上一个物品；对于 D_G 中的任意 (u, i, j, l) 元组，$u \in U$，$i \in (I_G)^+ \wedge j \in I \setminus (I_G)^+$，$i \neq j$，$J_G^+$ 是在增强矩阵中的正反馈数据，l 是用户 u 的动态社交感知序列中物品 i 的上一个邻居物品，Θ 表示参数，$\sigma(x) = \frac{1}{1+e^{-x}}$ 表示逻辑函数，模型使用 L_2 正则化来防止过拟合，α 是一个平衡系数，模型对于 α 的选取在实验中进行了分析。此外，$\hat{x}_{u, i, l}$ 和 $\hat{y}_{u, i, l}$ 可以表示为以下两项内积的和：

$$
(v_u^{U, I}, v_i^{I, U}) + (v_i^{I, L}, v_i^{L, I}) \tag{6-7}
$$

其中，$v_u^{U,I}$ 表示用户 u 的特征向量，$v_i^{I,U}$ 表示物品 i 的静态特征向量，第一个内积表示用户 u 对物品 i 的长期偏好；$v_i^{I,L}$ 和 $_i^{L,I}$ 是物品 l 和物品 i 的动态特征向量，第二个内积表示用户对物品 i 的短期偏好。

在公式（6-7）中的第二项中可以学习用户 u 的网络邻居交互过的物品的静态和动态特征向量，从而通过社交网络数据建模了用户的长期和短期偏好。此外，模型学习了用户的个性化物品偏好关系为 $\widehat{x}_{u,i,l} > u\widehat{x}_{u,j,l}$ 和 $\widehat{y}_{u,i,l} > u\widehat{y}_{u,j,l}$，其中 $\widehat{x}_{u,i,l} > u\widehat{x}_{u,j,l}$ 表示对于原始物品交互矩阵中的正样本物品 i 相比负样本物品 j（与用户 u 没有交互的物品），和用户 u 的特征向量具有更高相似性的同时，能够和原始用户序列上一个物品 l 具有更好的相似性。类似的，模型学习了 $\widehat{y}_{u,i,l} > u\widehat{y}_{u,j,l}$ 的个性化物品排序，其表示对于静态社交增强矩阵中的正反馈物品 i 比负反馈物品 j（与用户 u 和网络邻居都没有交互的物品），和用户 u 的特征向量具有更高相似性的同时，能够和动态增强序列中的上一个物品 l 具有更好的相似性。通过这两个排序的联合学习，强化了 FPMC 框架对长期和短期的用户偏好的建模能力，并通过更多的交互数据和物品转移关系有效地缓解了稀疏性问题。最后，模型根据学习的 $v_u^{U,I}$、$v_i^{I,U}$、$v_i^{I,L}$、$v_i^{L,I}$ 特征得到用户对候选物品的预测评分，并使用 Top-N 推荐方式为用户推荐候选物品。

6.3.5　模型优化

本章使用的是随机梯度下降（stochastic gradient descent，SVD）优化方法，优化的时候每次在所有训练实例中抽取一个随机样本。由于本章设计了一个联合分解模型，我们在每次迭代的时候从 D_T 和 D_G 两个集合中随机抽取训练实例，然后对模型的所有参数执行梯度下降算法，对于参数的梯度学习过程如下所示：

$$\frac{\partial}{\partial\theta}(\ln\sigma(\widehat{x}_{u,i,l}-\widehat{x}_{u,j,l})-\beta_\theta\|\Theta\|_2^2)=\frac{e^{-(\widehat{x}_{u,i,l}-\widehat{x}_{u,j,l})}}{1+e^{-(\widehat{x}_{u,i,l}-\widehat{x}_{u,j,l})}}\frac{\partial}{\partial\Theta}(\widehat{x}_{u,i,l}-\widehat{x}_{u,j,l})-\beta_\theta\frac{\partial}{\partial\Theta}\Theta^2$$

$$\frac{\partial}{\partial\theta}(ln\sigma(\widehat{y}_{u,i,l}-\widehat{y}_{u,j,l})-\beta_\theta\|\Theta\|_2^2)=\frac{e^{-(\widehat{y}_{u,i,l}-\widehat{y}_{u,j,l})}}{1+e^{-(\widehat{y}_{u,i,l}-\widehat{y}_{u,j,l})}}\frac{\partial}{\partial\Theta}(\widehat{y}_{u,i,l}-\widehat{y}_{u,j,l})-\beta_\theta\frac{\partial}{\partial\Theta}\Theta^2$$

（6-8）

对于 $\widehat{x}_{u,i,l}-\widehat{x}_{u,j,l}$ 的优化公式如下所示：

$$\begin{aligned}
&\frac{\partial}{\partial v_{u,f}^{U,I}}(\widehat{x}_{u,i,l}-\widehat{x}_{u,j,l})=v_{i,f}^{I,U}-v_{j,f}^{I,U}\\
&\frac{\partial}{\partial v_{i,f}^{I,U}}(\widehat{x}_{u,i,l}-\widehat{x}_{u,j,l})=v_{u,f}^{U,I}\\
&\frac{\partial}{\partial v_{j,f}^{I,U}}(\widehat{x}_{u,i,l}-\widehat{x}_{u,j,l})=-v_{u,f}^{U,I}\\
&\frac{\partial}{\partial v_{l,f}^{L,I}}(\widehat{x}_{u,i,l}-\widehat{x}_{u,j,l})=v_{i,f}^{I,L}-v_{j,f}^{I,L}\\
&\frac{\partial}{\partial v_{i,f}^{I,L}}(\widehat{x}_{u,i,l}-\widehat{x}_{u,j,l})=v_{l,f}^{L,I}\\
&\frac{\partial}{\partial v_{j,f}^{I,L}}(\widehat{x}_{u,i,l}-\widehat{x}_{u,j,l})=-v_{l,f}^{L,I}
\end{aligned} \tag{6-9}$$

对于 $\widehat{y}_{u,i,l}-\widehat{y}_{u,j,l}$ 和对 $\widehat{x}_{u,i,l}-\widehat{x}_{u,j,l}$ 具有相同的优化过程。

6.4 实验设置

6.4.1 实验研究问题

为了验证本章模型的有效性，我们在三个真实的数据集上进行实验，将实验结果和六个基线方法进行对比，验证模型的有效性；此外设计多组对照实验进一步从多个角度对模型进行深入分析。

研究问题 1：模型在推荐准确率方面表现如何？

研究问题 2：模型在缓解用户冷启动问题方面表现如何？

研究问题 3：在社交行为数据稀疏的情况下，模型是否仍能有效缓解用户冷启动问题？

研究问题 4：不同特征维度所有模型的表现如何？

研究问题 5：对社交网络的不同挖掘方式对模型有什么影响？

研究问题 6：不同的网络邻居数目对模型结果有什么影响？

研究问题 7：不同类型的物品转移关系是否是有效的？

研究问题 8：不同的平衡系数对模型结果有什么影响？

研究问题 9：模型在不同数据集上的收敛情况如何？

6.4.2　实验数据集与评价指标

我们选择了三个来自不同领域的公开数据集，分别是 Epinions、Ciao 和 Last. fm 数据集，这些数据集包含了用户—物品交互数据，时间戳信息以及社交网络数据，由于本章处理的是隐反馈推荐，针对 Epinions 和 Ciao 数据集，我们将评分为 4 和 5 的用户—物品交互作为正反馈数据，其他作为负反馈数据，Last. fm 数据集则直接提供了隐反馈数据。

Epinions 数据集①：Epinions 是一个著名的在线消费网站，该数据集包括用户在 Epinions 网站从 2001 年 1 月到 2013 年 11 月的所有数据，例如用户的评分数据、时间戳信息和社交网络数据。

Ciao 数据集：Ciao 与 Epinions 网站类似，用户可以在其中对各种物品进行评分和评论，该数据集是从 Ciao 的官方网站②中收集的，包括用户的评分数据、时间戳信息和社交网络数据。

Last. fm 数据集③：Last. fm 是一个在线音乐平台，该数据集是从网站④上收集的，其中包含从 1956 年到 2011 年的社交网络数据、标签数据和音乐收听数据。

对于所有数据集，我们采用“留一法”，保留一个反馈用于测试，一个反馈用于验证，其余用于训练。“留一法”在隐反馈推荐中得到了广泛的应用，其使用了大量数据用于训练，并保证了结果的确定性。我们首先过滤数据集，让用户至少有四个反馈，以满足训练、测试和验证的要求。经过上述过滤处理后这三个数据集的统计数据如表 6-2 所示。

表 6-2　数据集统计

统计值	Epinions	Ciao	Last. fm
#用户	22152	1796	1407
#物品	296275	16600	12373
#反馈	912417	35080	86122

① https://www.cse.msu.edu/ tangjili/datasetcode/truststudy.htm

② http://www.ciao.co.uk/

③ http:// ir.ii.uam.es/hetrec2011

④ http://www.last.fm

续表

统计值	Epinions	Ciao	Last. fm
数据集密集度	0.014%	0.12%	0.49%
#信任者	18089	2342	1892
#受信任者	18089	2342	1892
#社交关系	573420	87380	25434
社交网络密集度	0.0017%	0.015%	0.71%

我们使用两个常见的指标衡量推荐算法的准确率，分别是 Precision@ K 和 NDCG@ K ，具体如下：

①Precision@ K 。该指标衡量用户对物品感兴趣的概率，它表示的是推荐列表中有多少物品是用户真正感兴趣的，每个用户的 Precision@ K 定义为：

$$\text{Precision@}K=\frac{|S(K;u)|}{K} \tag{6-10}$$

其中，$|S(K;u)|$ 表示在测试集中已经交互过的物品出现在推荐列表中，K 表示推荐列表的长度。

②NDCG @ K 。归一化折损累计增益（normalized discount cumulative gain)，它通过为排名靠前的命中分配更高的分数来解释命中的位置，该指标能够更精准地评价一个推荐列表的好坏，如果用户实际选择的物品相对其他候选物品在推荐列表中具有更靠前的位置，那么该指标可以得到更大的收益值，其具体定义如下：

$$\text{NDCG@}K=\frac{1}{N}\sum_{1}^{K}\frac{2^{1\{u(i)=1\}-1}}{\log(i+1)} \tag{6-11}$$

其中，1 {} 是指标函数，$u(i)=1$ 表示如果 u 和物品 i 有交互，该指标函数返回 1，N 表示归一化参数。

6.4.3 其他比较算法

为了证明本章模型的有效性，我们选取了几个代表性的基线模型与之进行比较，这些模型可以分为三类：不考虑时间和社交网络的模型（Pop、BPR)；考虑社交网络或时间的模型（SBPR、FMC、FPMC)；同时考虑时间和社交网络的模型（SPMC)。

- Pop：基于物品流行度的方法，该方法是一种根据物品在系统中的受欢迎程度来推荐商品的简单方法，不是个性化推荐算法。

- BPR（bayesian personalized ranking）：该方法是一种基于隐反馈推荐的方法，可优化观察到的正实例和采样的负实例之间的成对排名。
- SBPR（social bayesian personalized ranking）：该方法在 BPR 方法的基础上，认为用户倾向于为他们朋友喜欢的物品分配更高的等级，并通过社交网络学习用户的个性化物品排序。
- FMC（factorizing Markov chains）：该模型通过分解物品到物品的转换矩阵来捕捉用户从一个物品转换到另一个物品的可能性，没有考虑到用户的偏好特征学习。
- FPMC（factorizing personalized Markov chains）：该模型是矩阵分解和马尔可夫链的结合，通过对用户－当前物品－下一个物品的三维转移矩阵分解能够捕捉个性化的用户动态偏好。
- SPMC（socially-aware personalized Markov chains）：该方法利用社交网络进行时序推荐，在 FPMC 的基础上进一步考虑了社交网络对用户动态偏好的影响。

6.4.4　本书算法参数设置

本章对于所有隐语义模型，使用高斯分布随机初始化用户和物品潜在特征向量，均值为 0，标准差为 0.01，并使用网格搜索为所有隐语义模型在验证集上选择最优参数，从[10，1，0.1，0.01，0.001]中选择学习率、[10，1，0.1，0.01，0.001]中选择正则化超参数、特征维度设置为 60 用于除 Pop 之外的所有模型。各方法的主要参数见表 6-3，其中 λ_1、λ_2、λ_3 和 β_1、β_2、β_3 分别是 Last.fm 数据集、Epinions 数据集和 Ciao 数据集上的学习率和正则化参数。本章模型中的网络邻居 G_u 的数设为 10，设定隐式社交关系数目为 10，平衡参数 α 设置为 0.5。此外，我们为社交推荐模型保留在社交网络中至少有一个社交关系的用户。本章在三个数据集进行 Top-5 推荐以评估 JPMC 和所有基线模型的性能，测试模型性能的时候，本章针对每个正样本随机选择 99 个负样本。

表 6-3 参数设置情况

模型	参数
BPR	$\lambda_1=\lambda_2=\lambda_2=0.1$，$\beta_1=\beta_2=\beta_3=0.01$
SBPR	$\lambda_1=\lambda_2=\lambda_2=0.1$，$\beta_1=\beta_2=\beta_3=0.01$，constant $=1$
FMC	$\lambda_1=\lambda_2=\lambda_2=0.1$，$\beta_1=\beta_2=\beta_3=0.01$
FPMC	$\lambda_1=\lambda_2=\lambda_2=0.1$，$\beta_1=\beta_2=\beta_3=0.01$
SPMC	$\lambda_1=\lambda_2=\lambda_2=0.1$，$\beta_1=\beta_2=\beta_3=0.01$
JPMC	$\lambda_1=\lambda_2=\lambda_2=0.1$，$\beta_1=\beta_2=\beta_3=0.01$，$\alpha=0.5$，$N_g=10$

6.5 实验结果分析与讨论

6.5.1 推荐准确率分析

本章首先对非冷启动情况下的所有模型的推荐准确率进行对比和分析，使用表 6-3 中的参数，在三个数据集上进行实验，所有模型的 NDCG@5 和 Precision@5 结果如表 6-4 所示，表中的加粗表示所有数据集上的最好结果，最后一行表示本章模型相比最佳的基线模型的提升。从实验结果中可以观察到，本章提出的模型在三个数据集上都优于所有的基线方法，尤其是在 Ciao 数据集上有更明显的改善。在所有的基线方法中，SPMC 是表现最好的基线模型，本章模型相对于 SPMC 模型在 NDCG 和 Precision 两个指标上分别平均提升了 21.6%和 23.2%，由此可见本章模型具有更好的推荐准确率。

表 6-4 JPMC 和基线模型的 NDCG 和 Precision 结果

数据集	Last. fm		Epinions		Ciao	
指标	NDCG	Precision	NDCG	Precision	NDCG	Precision
Pop	0.3019	0.2674	0.2833	0.2560	0.1332	0.1142
BPR	0.4462	0.4064	0.3113	0.2812	0.1603	0.1390
SBPR	0.5098	0.4748	0.3701	0.3392	0.1633	0.1410

续表

数据集	Last. fm		Epinions		Ciao	
FMC	0.4009	0.3549	0.3381	0.2892	0.1483	0.1177
FPMC	0.4647	0.4247	0.3466	0.3084	0.1691	0.1473
SPMC	0.5259	0.4824	0.4100	0.3779	0.1963	0.1713
JPMC	**0.5771**	**0.5361**	**0.4284**	**0.3969**	**0.2918**	**0.2631**
Imp	+9.7%	+11.2%	+4.5%	+5.0%	+50.7%	+53.5%

根据所有模型在三个数据集上的实验结果，可以发现在 Last. fm 数据集上，所有的基线方法相比在其他两个数据集上具有最好的表现，这是因为 Last. fm 是最密集的数据集；而在 Epinions 和 Ciao 这两个更加稀疏的数据集上，所有的基线方法的推荐准确率有了明显下降，尤其在 Ciao 数据集上，基线模型的推荐准确率变得更差，但是本章模型在两个指标上都具有最大的提升，说明 JPMC 模型即使在用户反馈数据稀疏的情况下，仍然能够具有很高的推荐准确率。

在所有的基线模型中，Pop 和 FMC 模型的推荐准确率较低，这是因为这两个模型没有对个性化的用户偏好进行学习，也没有考虑各种异质信息数据。但是，可以观察到在 Ciao 数据集上，所有基线模型的推荐准确率相比 FMC 和 Pop 模型没有明显的提升，这说明稀疏的用户—物品交互数据和社交网络限制了这些基线模型对于用户偏好的学习能力，而本章模型却具有更加明显的提升，这也证明了本章模型能更好地处理用户反馈数据的稀疏性问题。

通过对几个基线模型的实验结果对比，本章还观察到：在比较 BPR 和 SBPR 模型时，可以发现 SBPR 在 Last. fm 和 Epinions 数据集上的推荐准确率都比 BPR 有明显改善，这说明在社交网络相对密集的情况下，社交网络能够很好地帮助模型改善推荐准确率；在比较 BPR 模型和 FPMC 模型时，可以注意到 FPMC 模型三个数据集上的推荐准确率都高于 BPR 模型，这表明考虑时序信息可以帮助提高模型的推荐准确率，但是 FPMC 模型在稀疏的 Epinions 和 Ciao 数据集上相比 BPR 模型的提升效果并不明显，说明时序信息对于模型的提高能力也会受到稀疏性问题的影响；在比较 FMC 和 FPMC 模型时，可以看到 FPMC 模型在三个数据集上的表现优于 FMC 模型，而 BPR 模型在 Ciao 和 Last. fm 数据集上的表现也优于 FMC 模型，说明了对个性化用户偏好学习的重要性；在比较 SPMC、SBPR 与 FPMC 模型时，我们发现 SPMC 模型在三个数据集上都有最好的表现，这说明结合社交网络和时序信息对于模型推荐准确率的提升具有更显著的作用。

6.5.2 用户冷启动情况下模型对比分析

本章接下来对所有模型处理用户冷启动问题的能力进行实验和分析。在研究用户冷启动问题时，典型的做法是选择与物品交互数目少于 5 的用户作为冷启动用户，由于本章模型中每个用户至少需要四个反馈数据，导致获得的冷启动用户较少，因此根据之前的研究，本章为每个用户保留 N 个最近的反馈来模拟冷启动环境，其中 N 是阈值，分别设定为 5 和 10，本章设定特征维度大小为 60，其他参数与前面实验一致，在三个数据集上对所有模型进行实验，实验结果如表 6-5 和 6-6 所示。

表 6-5 阈值为 5 的冷启动条件下 JPMC 和基线模型的表现

数据集	Last. fm		Epinions		Ciao	
指标	NDCG	Precision	NDCG	Precision	NDCG	Precision
Pop	0.2741	0.2449	0.2545	0.2356	0.1214	0.1059
BPR	0.3048	0.2891	0.1710	0.1522	0.0816	0.0707
SBPR	0.2531	0.2335	0.1917	0.1665	0.1026	0.0887
FMC	0.2835	0.2537	0.2182	0.1852	0.1090	0.0854
FPMC	0.3169	0.2991	0.1876	0.1682	0.0831	0.0725
SPMC	0.3258	0.2976	0.2587	0.2345	0.1420	0.1272
JPMC	**0.4445**	**0.4158**	**0.3478**	**0.3115**	**0.2258**	**0.2057**
Imp	+11.8%	+39.0%	+34.4%	+32.2%	+59.0%	+61.7%

表 6-6 阈值为 10 的冷启动条件下 JPMC 和基线模型的表现

数据集	Last. fm		Epinions		Ciao	
指标	NDCG	Precision	NDCG	Precision	NDCG	Precision
Pop	0.3001	0.2665	0.3148	0.2891	0.1502	0.1292
BPR	0.4251	0.3992	0.3133	0.2852	0.1324	0.1167
SBPR	0.3557	0.3296	0.2767	0.2482	0.1562	0.1379
FMC	0.3388	0.2972	0.2968	0.2569	0.1283	0.1049

续表

数据集	Last. fm		Epinions		Ciao	
FPMC	0. 3859	0. 3635	0. 2972	0. 2694	0. 1389	0. 1238
SPMC	0. 4031	0. 3705	0. 2897	0. 2631	0. 1647	0. 1413
JPMC	**0. 4641**	**0. 4316**	**0. 3335**	**0. 3007**	**0. 2490**	**0. 2254**
Imp	+15. 1%	+8. 1%	+5. 9%	+4. 0%	+51. 1%	+59. 5%

可以看到本章模型在三个数据集上比所有的基线模型都有非常明显的提升，尤其是当阈值设置为 5 时，具有更高的推荐准确率，表明本章模型在接近真实冷启动的条件下能够具有很好的效果。从表 6-5 和 6-6 显示的结果我们还可以看到：在 Last. fm 和 Ciao 数据集上，FPMC 和 SPMC 模型的性能优于其他基线，SPMC 模型在处理用户冷启动的时候是所有基线模型中表现最好的，这一结果表明社交网络和时序信息都有助于缓解用户冷启动问题；在 Epinions 数据集上，可以发现 SPMC 模型在阈值为 5 时具有很好的推荐准确率，但是当阈值为 10 时则是 FPMC 模型具有更好的表现，这说明在接近真实用户冷启动情况下，结合社交网络和时序信息能够更好地提高推荐准确率；此外，还可以观察到在 Last. fm 数据集上，FPMC 和 SPMC 模型相比 Pop 和 BPR 模型具有更明显的推荐准确率的提升，而在用户反馈数据和社交网络数据都相对稀疏的 Epinions 和 Ciao 数据集上，二者的提升不如在密集的 Last. fm 数据集上明显，甚至在 Epinions 数据集上 Pop 和 BPR 模型在阈值为 10 的时候具有比其他基线模型更好的推荐准确率，这说明在社交网络和用户反馈数据都稀疏的情况下，社交网络和时序信息不能更好地帮助改善冷启动问题。

6. 5. 3　社交网络稀疏条件下用户冷启动分析

为了证明本章模型在社交网络的稀疏性场景下仍然能够有效地解决用户冷启动问题，本章在用户冷启动场景下进一步对社交关系数分别少于 5 和 10 的用户的实验结果进行对比和分析，模型的参数与上述实验一致，在三个数据集上对所有模型进行实验，实验结果如表 6-7 和 6-8 所示。

表 6-7　阈值为 5 的社交稀疏条件下 JPMC 和基线模型的表现

数据集	Last. fm		Epinions		Ciao	
指标	NDCG	Precision	NDCG	Precision	NDCG	Precision
Pop	0.1972	0.1714	0.2559	0.2366	0.1487	0.1269
BPR	0.2465	0.2324	0.1744	0.1568	0.1044	0.0931
SBPR	0.2543	0.2335	0.2048	0.1758	0.1026	0.0887
FMC	0.2078	0.1746	0.2327	0.1969	0.1261	0.0992
FPMC	0.2586	0.2434	0.2586	0.2434	0.1200	0.1069
SPMC	0.2517	0.2321	0.2775	0.2531	0.1751	0.1524
JPMC	**0.3450**	**0.3179**	**0.3122**	**0.2816**	**0.2672**	**0.2359**
Imp	+33.4%	+30.6%	+12.5%	+11.2%	+52.5%	+54.7%

表 6-8　阈值为 10 的社交稀疏条件下 JPMC 和基线模型的表现

数据集	Last. fm		Epinions		Ciao	
指标	NDCG	Precision	NDCG	Precision	NDCG	Precision
Pop	0.2187	0.1913	0.2604	0.2417	0.1453	0.1238
BPR	0.2569	0.2422	0.1761	0.1578	0.0989	0.0865
SBPR	0.2850	0.2616	0.2668	0.2386	0.1429	0.1262
FMC	0.2332	0.2052	0.2234	0.1882	0.1095	0.0839
FPMC	0.2822	0.2651	0.2822	0.2651	0.0876	0.0792
SPMC	0.2782	0.2565	0.2337	0.2102	0.1803	0.1641
JPMC	**0.3668**	**0.3393**	**0.3151**	**0.2840**	**0.2523**	**0.2270**
Imp	+29.9%	+32.2%	+11.6%	+7.1%	+39.9%	+38.3%

从结果可以观察到，本章模型比其他基线模型在三个数据集上的推荐准确率都具有显著的改善，尤其在 Ciao 数据集上具有最明显的改进。在对基线模型的比较中，可以发现 SPMC 和 FPMC 模型的表现相比其他基线模型有更好的表现，而 SBPR 模型表现是所有基线模型中最差的，这与表 6-5 和 6-6 中的结果不同；还可以发现在 Epinions 数据集上，FPMC 模型具有最好的表现，进一步证明了社交网络的稀疏性会导致基于社交网络的模型不能更好地建模用户的偏好，对于

用户冷启动问题的处理能力也会受到限制，而考虑时序信息则可以进一步深化模型对社交网络影响的用户偏好的学习，因此考虑社交网络对用户动态偏好的影响确实是必要的。

6.5.4　特征维度大小对 JPMC 和基线模型的影响

为了分析隐语义模型中潜在特征维度 d 的大小对模型的影响，本章基于 d 值从 10 到 100 对 JPMC 和基线模型进行实验，其他实验参数设置与上述实验一致，实验结果如图 6-5 所示。通过观察图中不同模型在三个数据集下不同指标的结果，可以发现较大的 d 值总是会令本章模型具有更好的表现，这是因为特征维度的增加会使得用户的潜在特征包含更多的信息，学习更加有效的用户和物品潜在特征表示，且本章模型针对不同的 d 值都是所有模型中表现最好的，进一步证明了本章模型在不同特征维度下的有效性。

通过观察还可以发现：在 Epinions 数据集上，所有模型的两个指标的结果都比其他两个数据集上更稳定，这说明大规模和更稀疏的数据集中，对于不同的特征维度，隐语义模型的推荐准确率趋于稳定，此外，大多数模型在 $d=60$ 之后，推荐准确率的增加趋势变得平缓；在 Ciao 数据集上，本章模型与其他基线相比有更显著的改进，JPMC 和 SPMC 模型的推荐准确率随着特征维度的增加具有提升的趋势，且在 $d=60$ 之后更加稳定，其他模型的推荐准确率随着特征维度的增加没有明显的提升趋势，这可能是因为同时考虑了社交网络和时序信息，增加特征维度会进一步强化对用户和物品特征的学习；在 Last. fm 数据集上，随着特征维度的增加，所有模型的推荐准确率都有提高的趋势，但是当 $d=30$ 时增加的趋势变得平缓，这说明在该数据集上，过大的特征维度对于模型准确率没有提升作用，这可能是因为 Last. fm 数据集上更大的 d 值导致了过拟合的问题。值得注意的是，在三个数据集上，SBPR 和 SPMC 模型相对其他基线模型的推荐准确率受特征维度的影响更大，SPMC 模型在 Epinions 和 Ciao 两个数据集上，以及 SBPR 模型在 Last. fm 数据上的曲线的升高趋势更加明显，这说明特征维度的增加对于基于社交网络的推荐模型具有更明显的影响，这是因为更大的特征维度使得社交感知的用户特征学习得到了进一步强化。基于对所有模型在三个数据集上的实验结果的分析，本章设定特征维度的大小为 60 用于其他部分的实验，保证模型在不同数据集中的准确率的同时，防止过高的特征维度为实验带来的计算成本。

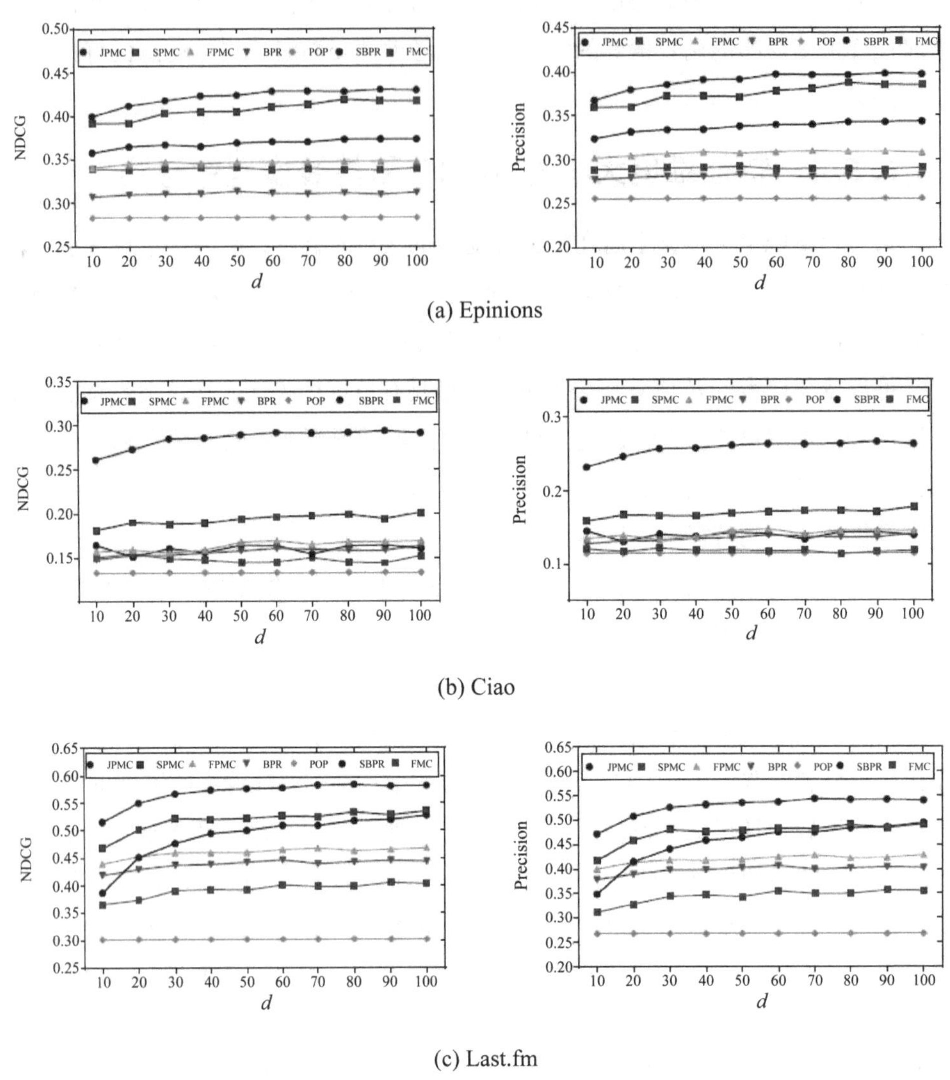

(a) Epinions

(b) Ciao

(c) Last.fm

图 6-5　不同特征维度下 JPMC 和其他基线模型的 NDCG 和 Precision 结果

6.5.5　社交网络的不同挖掘方式

本章在实验中通过网络表征学习方法选取网络邻居，使用了显式社交关系和隐式社交关系进行社交网络的挖掘，为了证明这两种关系对于社交网络挖掘的有效性，本章针对不同的特征维度大小，在三个数据集上进行实验，JPMC-OS 和 JPMC-PMI 两种方法的实验结果如图 6-6 所示，其中 JPMC-OS 表示只使用显式社交关系进行网络表征学习的模型，JPMC-PMI 表示只使用隐式社交关系进行网络表征学习的模型。为了证明网络表征学习过程的有效性，本章还通过直接将原始社交关系和隐式社交关系作为网络邻居用户，省略网络表征学习过程构建了模型 JPMC-S。从实验结果中可以观察到，在 Epinions 和 Ciao 数据集上，同时使用显式和隐式社交关系能够明显提升模型的推荐准确率，而单独使用显式社交关系和隐式社交关系模型具有接近的准确率，这是因为社交网络更稀疏的情况下，显式的社交关系的作用被削弱了，而同时使用两种社交关系能够有效提升对于社交网络的挖掘能力。在这两个数据集上，JPMC-S 模型的推荐准确率与 JPMC-PMI 模型接近，略低于 JPMC-OS，这说明对社交网络进行挖掘的过程对于通过社交网络数据改善推荐准确率是有效的；在 Last. fm 数据集上，可以看到 JPMC 和 JPMC-OS 模型具有接近的推荐准确率，证明了在社交网络密集的情况下，显式社交关系对于社交网络的挖掘起着更为重要的作用，JPMC 模型的效果仍然优于 JPMC-PMI 和 JPMC-OS，也证明了隐式社交关系能够提高网络表征学习方法对社交网络的挖掘能力。还可以看到此时 JPMC-S 模型的准确率明显高于 JPMC-PMI 模型，说明了显式社交关系的作用更为明显，但仍低于 JPMC-OS 模型，这进一步说明了对社交网络数据进行深入挖掘的重要性。

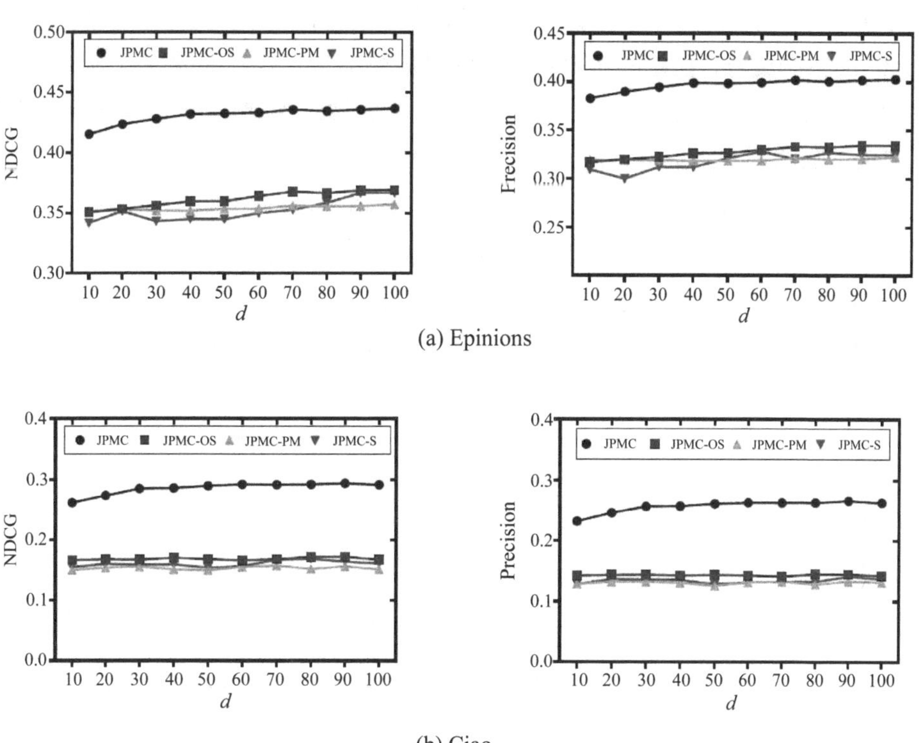

(a) Epinions

(b) Ciao

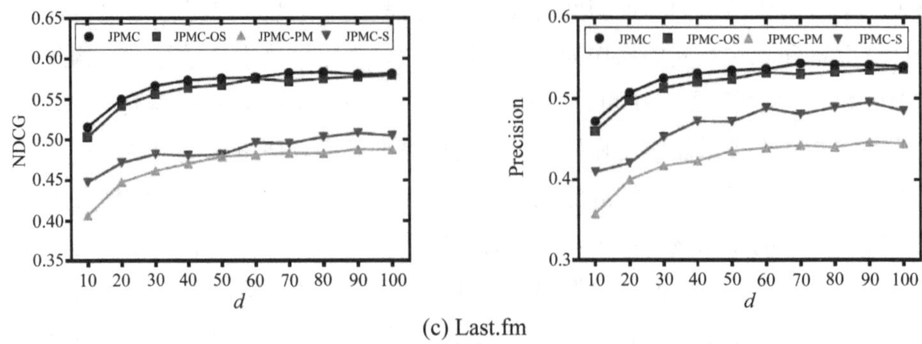

(c) Last.fm

图 6-6　社交网络的不同挖掘方式对 JPMC 模型的影响

6.5.6　网络邻居数目对模型的影响

本章在对社交网络进行挖掘之后，选取了若干个用户作为网络邻居，为了分析不同网络邻居数目对于模型推荐准确率的影响，本章针对网络邻居数目分别为5、10、15、20、25 和 30 在三个数据集上进行了实验，固定特征维度大小 $K=60$，平衡参数 $\alpha=0.5$，实验结果如图 6-7 所示。可以看到，在 Epinions 和 Ciao 数据集上，网络邻居的数目为 10 的时候模型获得了最好的推荐准确率，在 Last.fm 数据集上，网络邻居数目为 5 的时候模型具有最好的表现。在 Last.fm 和 Ciao 数据集上，当网络邻居的数目大于 10 的时候，模型的推荐准确率开始有明显的下降趋势，这是因为当网络邻居数据增加的时候，选取的网络邻居与用户的相似性开始降低，反而会引入噪声数据，影响了模型的准确性；在 Epinions 数据集上，曲线的趋势更为平稳，这是因为稀疏的数据集中，随着网络邻居数目的增加，带来的相关噪声数据比较少，因此对于推荐准确率没有产生明显的影响。因此，根据模型在三个数据集上的综合表现，本章在实验中将网络邻居数目的默认值设为 10，以获得更好的推荐准确率。

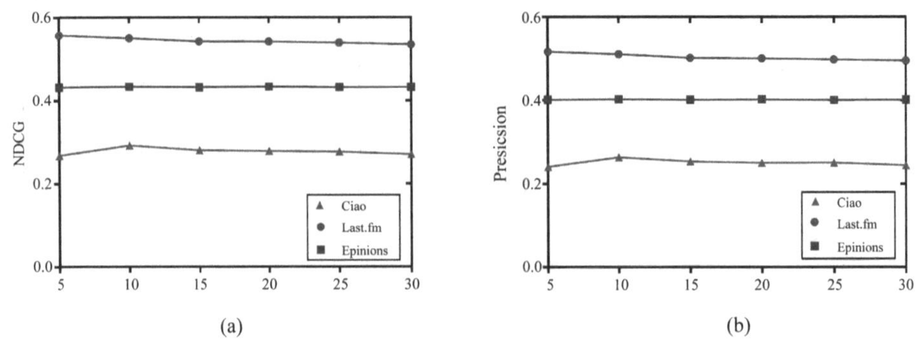

(a)　　(b)

图 6-7　不同网络邻居数目对 JPMC 模型的影响

6.5.7　物品转移关系对模型的影响

本章在建立动态社交感知序列的时候，考虑的物品转移关系包括：①网络邻居－目标用户；②网络邻居－网络邻居；③目标用户－网络邻居。为了验证这几种物品转移关系对模型性能的影响，本章在三个数据集上进行试验，实验结果如图 6-8 所示。

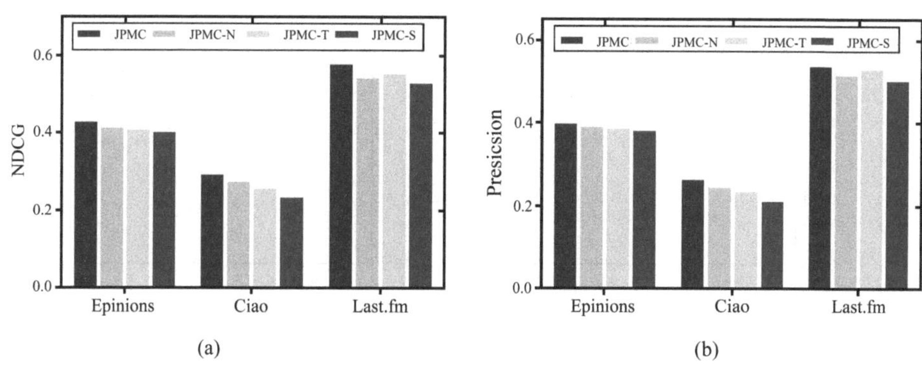

图 6-8　物品转移关系对 JPMC 模型的影响

JPMC-S 模型表示只考虑①的物品转移关系，JPMC-N 表示同时考虑①和③两种物品转移关系，JPMC-T 表示同时考虑①和②两种物品转移关系。可以观察到在 Epinions 和 Ciao 数据集上，模型的推荐准确率大小关系为 JPMC>JPMC-N>JPMC-T>JPMC-S，尤其在 Ciao 数据集上，几个模型的准确率的差距更大；在 Last. fm 数据集上，模型的推荐准确率大小关系为 JPMC>JPMC-T>JPMC-N>JPMC-S，由此可见，只考虑网络邻居到目标用户的物品转移关系是不够的，当同时考虑两种物品转移关系的时候，模型具有比单独考虑①具有更好的表现，证明了②和③的物品转移关系能够提高模型的推荐准确率，而同时考虑三种物品转移关系的时候，模型具有最好的表现，因此可以证明，模型同时考虑三种关系的时候能够获得最好的效果。

6.5.8　平衡系数对模型的影响

本章在损失函数中设定了平衡参数 α，为了分析这一参数对模型的影响，本章使用来自［0.1，0.2，0.3，0.4，0.5，0.6，0.7，0.8，0.9，1.0］中的不同 α 值进行实验，将 K 固定为 60，N_g 为 10，本章模型在三个数据集上的实验结果如图 6-9 所示。

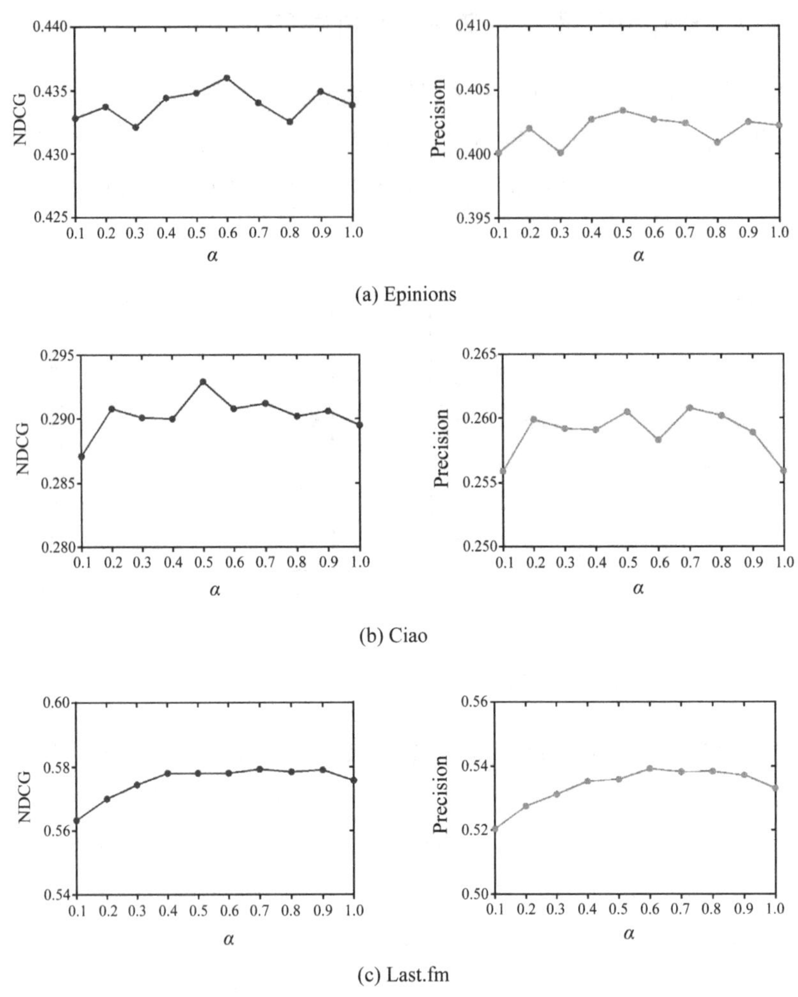

图 6-9　不同 α 值对 JPMC 模型的影响

从图 6-9 中我们可以看出：在 Ciao 数据集上，本章模型在 α 为 0.5 时性能最佳，当 α 值大于 0.5 时性能开始下降；在 Last.fm 数据集上，直到 α 为 0.5，本章模型的推荐准确率保持明显上升的趋势，当 α 大于 0.5 时，上升趋势开始变得平稳；在 Epinions 数据集上，两个指标的趋势与 Ciao 数据集上的趋势相似，本章模型在 α 的值为 0.6 时获得了最高的 NDCG 结果，而在 α 的值为 0.5 时获得了最高的 Precision 结果。通过观察可以发现当 α 的值为 0.1 和 1.0 的时候，JPMC 模型相比在其他 α 值的情况下表现更差，这说明了本章设计的联合分解框架能够比使用单一模块获得更好的推荐准确率，证明了联合分解框架确实能够强化模型对用户和物品特征的学习，从而提高了模型的准确率。综合三个数据集上的实验结果可以看到本章模型在 $\alpha=0.5$ 时具有最好的表现，此时，社交网络能够最大限度地提高模型对用户长期和短期偏好的学习，基于此，本章将模型中的 α 默认值设置为 0.5 以获得最好的推荐准确率。

6.5.9　模型收敛情况

本章还对 JPMC 模型在不同数据集上的收敛性进行分析，本章在三个数据集上统计了模型随着迭代次数的增加获得的推荐准确率，实验结果如图 6-10 所示。可以观察到，本章模型在 Ciao 和 Epinions 数据集上能够在 20 次迭代内收敛，在 Last. fm 数据集上在迭代次数为 80 次内完成了收敛，说明本章的模型在不同的数据集上的训练过程都能够很快达到收敛，尤其是在大规模的数据集上具有更快的收敛速度。此外，模型在 Epinions 数据集上随着迭代次数的增加有比较稳定的表现，这说明规模更大的数据集可以帮助提高模型的收敛速度，这是因为规模大的数据集提供了更多的数据帮助模型更好地训练，从而提高了模型的收敛速度。

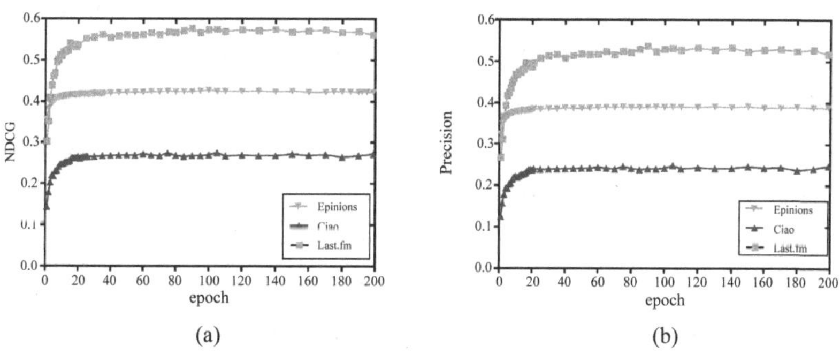

图 6-10　JPMC 模型随着 epoch 的准确率变化情况

6.6　本章小结

本章提出了一个基于社交网络表征的时序推荐模型——联合的个性化马尔可夫模型，与现有工作相比，该模型在提高推荐质量和处理用户冷启动问题方面具有显著优势。模型首先通过 Node2vec 方法学习用户的社交隐特征，然后选择与目标用户具有高相似度的网络邻居代替了原始社交网络中的信任关系；之后为了将其集成到隐语义模型中，本章根据网络邻居构建了静态社交增强矩阵和动态社交感知序列，并进一步提出了一个联合的分解框架来捕获用户的长期和短期偏好，有效地改善了基于社交网络的模型的推荐准确率，尤其在冷启动情况下具有更好的表现，还能缓解社交稀疏性等问题。

本章参考文献

[1] LEE H, IM J, JANG S, et al. Melu: Meta-learned user preference estimator for cold-start recommendation [C] //Proceedings of the 25th ACM SIGKDD International Conference on Knowledge Discovery & Data Mining. 2019: 1073-1082.

[2] KIM H N, JI A T, HA I, et al. Collaborative filtering based on collaborative tagging for enhancing the quality of recommendation [J] . Electronic Commerce Research and Applications, 2010, 9 (1): 73-83.

[3] ZHAO T, MCAULEY J, KING I. Leveraging social connections to improve personalized ranking for collaborative filtering [C] //Proceedings of the 23rd ACM international conference on conference on information and knowledge management. 2014: 261-270.

[4] GROVER A, LESKOVEC J. node2vec: Scalable feature learning for networks [C] //Proceedings of the 22nd ACM SIGKDD international conference on Knowledge discovery and data mining. 2016: 855-864.

[5] ZHANG C X, YU L, WANG Y, et al. Collaborative user network embedding for social recommender systems [C] //Proceedings of the 2017 SIAM international conference on data mining. Society for Industrial and Applied Mathematics, 2017: 381-389.

[6] SHI C, HU B B, ZHAO W X, et al. Heterogeneous information network embedding for recommendation [J] . IEEE transactions on knowledge and data engineering, 2018, 31 (2): 357-370.

[7] GOYAL P, FERRARA E. Graph embedding techniques, applications, and performance: A survey [J] . Knowledge-Based Systems, 2018, 151: 78-94.

[8] RENDLE S, FREUDENTHALER C, SCHMIDT-THIEME L. Factorizing personalized markov chains for next-basket recommendation [C] //Proceedings of the 19th international conference on World wide web. 2010: 811-820.

[9] MA H, YANG H X, LYU M R, et al. Sorec: social recommendation using probabilistic matrix factorization [C] //Proceedings of the 17th ACM conference on Information and knowledge management. 2008: 931-940.

[10] YANG B, LEI Y, LIU J M, et al. Social collaborative filtering by trust [J] . IEEE transactions on pattern analysis and machine intelligence, 2016, 39 (8): 1633-1647.

[11] FANG H, BAO Y, ZHANG J. Leveraging decomposed trust in probabilistic matrix

factorization for effective recommendation [C] //Proceedings of the AAAI conference on artificial intelligence. 2014, 28 (1) .

[12] GUO G B, ZHANG J, YORKE-SMITH N. A novel recommendation model regularized with user trust and item ratings [J] . ieee transactions on knowledge and data engineering, 2016, 28 (7): 1607-1620.

[13] JAMALI M, ESTER M. A matrix factorization technique with trust propagation for recommendation in social networks [C] //Proceedings of the fourth ACM conference on Recommender systems. 2010: 135-142.

[14] CHANEY A J B, BLEI D M, ELIASSI-RAD T. A probabilistic model for using social networks in personalized item recommendation [C] //Proceedings of the 9th ACM Conference on Recommender Systems. 2015: 43-50.

[15] MA H, KING I, LYU M R. Learning to recommend with social trust ensemble [C] //Proceedings of the 32nd international ACM SIGIR conference on Research and development in information retrieval. 2009: 203-210.

[16] KOREN Y. Factorization meets the neighborhood: a multifaceted collaborative filtering model [C] //Proceedings of the 14th ACM SIGKDD international conference on Knowledge discovery and data mining. 2008: 426-434.

[17] WANG X, HOI S C H, ESTER M, et al. Learning personalized preference of strong and weak ties for social recommendation [C] //Proceedings of the 26th International Conference on World Wide Web. 2017: 1601-1610. [69]

[18] PAN W K, CHEN L. Gbpr: Group preference based bayesian personalized ranking for one-class collaborative filtering [C] //Twenty-Third International Joint Conference on Artificial Intelligence. 2013.

[19] SEDHAIN S, MENON A, SANNER S, et al. Low-rank linear cold-start recommendation from social data [C] //Proceedings of the AAAI Conference on Artificial Intelligence. 2017, 31 (1) .

[20] ZHAO T, MCAULEY J, KING I. Leveraging social connections to improve personalized ranking for collaborative filtering [C] //Proceedings of the 23rd ACM international conference on conference on information and knowledge management. 2014: 261-270.

[21] CAI C W, HE R N, MCAULEY J. SPMC: Socially-aware personalized Markov chains for sparse sequential recommendation [J] . arxiv preprint arxiv: 1708.04497, 2017.

[22] HE R N, MCAULEY J. Fusing similarity models with markov chains for sparse sequential recommendation [C] //2016 IEEE 16th international conference on data mining (ICDM) . IEEE, 2016: 191-200.

[23] SONG Q, CHENG J, YUAN T, et al. Personalized recommendation meets your next

favorite [C] //Proceedings of the 24th ACM International on Conference on Information and Knowledge Management. 2015：1775-1778.

[24] NATARAJAN N，SHIN D，DHILLON I S. Which app will you use next? Collaborative filtering with interactional context [C] //Proceedings of the 7th ACM Conference on Recommender Systems. 2013：201-208.

[25] CHEN J，WANG C K，WANG J M. A personalized interest-forgetting markov model for recommendations [C] //Proceedings of the AAAI Conference on Artificial Intelligence. 2015，29 (1) .

[26] HE R N，FANG C，WANG Z W，et al. Vista：A visually，socially，and temporally-aware model for artistic recommendation [C] //Proceedings of the 10th ACM conference on recommender systems. 2016：309-316.

[27] RENDLE S，FREUDENTHALER C，SCHMIDT-THIEME L. Factorizing personalized markov chains for next-basket recommendation [C] //Proceedings of the 19th international conference on World wide web. 2010：811-820.

[28] KROHN-GRIMBERGHE A，DRUMOND L，FREUDENTHALER C，et al. Multi-relational matrix factorization using bayesian personalized ranking for social network data [C] //Proceedings of the fifth ACM international conference on Web search and data mining. 2012：173-182.

[29] CAO D，NIE L，HE X，et al. Embedding factorization models for jointly recommending items and user generated lists [C] //Proceedings of the 40th international ACM SIGIR conference on research and development in information retrieval. 2017：585-594.

第7章　总结与展望

7.1　本书工作总结

本书针对序列推荐中的短期匿名会话推荐以及个性化时序推荐任务，结合不同用户行为数据、动作信息、物品种类信息以及用户社交网络等多源信息，提出多种序列推荐模型，解决模型训练监督信号不足、用户行为信息高阶关系建模、用户长短期偏好动态协同增强以及推荐冷启动等问题。具体来说，本书的主要贡献和创新点如下：

（1）提出了基于全局关联关系的自监督图学习会话推荐方法

本书提出了一个基于全局关联关系的自监督图学习会话推荐方法。该方法使用全局信息关联关系解决图神经网络的过度平滑问题和交叉熵损失的过拟合问题。首先构造能够反映所有物品关联关系的全局图，从全局图中获取相应的物品的邻居和非邻居关联关系作为自监督信号，帮助模型生成准确的物品表示；而后计算候选集中所有物品的预测分数，根据目标物品的全局关联关系进行目标自适应屏蔽，对屏蔽后的候选集物品进行交叉熵损失计算。最后将推荐模型的交叉熵损失和辅助自监督损失相结合进行模型优化。该方法有效提高了会话推荐的准确性并且在不同长度的会话上都具有较好的鲁棒性。

（2）提出了基于邻居和类别关联关系的超图会话推荐方法

本书提出了一个基于邻居和类别关联关系的超图会话推荐方法。该方法将物品类别信息考虑进来，旨在使用超图建模包含类别和邻居关系的多元信息关联关系，解决普通图无法很好地表示信息之间高阶关联关系和没有考虑类别关系的问题。通过构造包含会话超边、邻居超边和类别超边的超图，反映物品之间多元关联关系，实现邻居和类别信息的聚合。将超图学习得到的节点表示与反向位置嵌入向量相结合以得到最终的信息表示，并使用注意力机制得到最终用户兴趣偏好表征。实验结果表明该模型有效提高了会话推荐的准确性，并证明了物品的邻居和类别关联关系在会话推荐中的有效性。

（3）提出了基于分层注意力机制的查询推荐方法

本书针对查询推荐任务，将用户长期查询会话历史考虑进来，建立了基于分层注意力机制的查询推荐方法。该方法采用分层机制建模用户历史会话行为和当前会话行为，同时使用注意力机制，将从历史行为中获取的用户表征与当前意图结合，一方面可以从用户历史行为中获取更多用户个性化偏好特征，另一方面可以消除部分当前会话中噪声行为的影响。实验结果证明，该方法有效提高了查询推荐的精准性，尤其对于一些长度较短的查询会话，该方法较基线方法的提升更加明显。

（4）提出了基于用户长短期行为动态交互的个性化推荐方法

本书针对个性化时序推荐任务，考虑用户长短期偏好动态协同增强问题，同时结合用户不同动作行为的特征信息，提出基于用户长短期行为动态交互的个性化推荐方法。对于用户当前短期行为，该方法考虑其动作行为的特征信息在体现其偏好程度上具有差异，提出基于上下文的门控循环神经网络单元，生成短期行为的表征；设计交互式注意力网络，实现用户长期历史行为对短期偏好表征的动态增强，优化用户长短期偏好表示。该方法能够明显提高会话推荐准确率，当应用于短会话推荐以及面向活跃用户推荐时，提升更加明显。

（5）提出了基于社交网络表征学习的时序推荐方法

本书针对个性化时序推荐任务，提出一个基于社交网络表征学习的时序推荐方法，该方法主要解决了社交稀疏情况下的用户冷启动问题。该方法首先在社交网络中加入了隐式社交关系，并利用网络表征学习方法预训练社交网络；之后根据学习的用户社交隐特征相似性为用户选取 N 个最相似的用户作为网络邻居；接下来基于用户和网络邻居构造静态社交增强矩阵和动态社交感知序列，设计了一个联合的马尔可夫分解框架，更加深入地建模社交网络对用户长期和短期偏好的影响，进一步提高序列推荐准确率，同时有效地解决了用户冷启动问题。

7.2　下一步研究展望

本课题将在以上研究的基础上，从以下几个方面进一步在序列推荐领域开展探索研究：

（1）结合多模态跨领域的推荐方法研究

对于数据缺乏场景的序列推荐问题，可设计基于多模态数据的推荐方法和基于跨领域的推荐方法。例如，通过多模态预训练等方法来实现对多模态数据的利用，另外可采用域适应、构建跨域知识图谱等方法来实现对跨领域信息的利用，从而解决数据分布不均匀问题导致的某些数据缺乏场景下难以建模用户行为模式、难以进行精准推荐的问题。

（2）因果推理赋能的可解释序列推荐问题研究

采用基于偏差消除的推荐方法，针对偏差信息类型构建因果图，来实现偏差信息与用户真实兴趣的解耦；另外，研究建立基于因果推理的可解释推荐模型，通过数据中不同特征之间的因果关系构建因果图，并在推荐时依据因果图生成推荐的原因。从而消除现代推荐系统中存在的各类偏差的影响，以及解决当前推荐方法中推荐结果可解释性低的问题。

（3）多样化序列推荐方法研究

除了需要提高序列推荐精准性，多样性也是推荐系统中需要考虑的一个重要指标。一方面，多样化的推荐列表可以激发用户和系统持续的交互行为；另一方面，在用户当前存在多个意图时，为用户提供能够满足其多个意图的推荐列表可以有效提升用户的体验感和满意度。然而现有多样化推荐的相关研究主要集中于传统推荐任务中，针对序列推荐任务的较少。因此如何在保证序列推荐准确性的同时，提高推荐列表的多样性，也是序列推荐系统中亟须研究的问题。研究利用用户序列行为中物品属性信息，感知用户多样化意图，同时设计个性化和多样化损失函数，将序列推荐准确性和多样性统一在一个端到端的框架中进行学习训练，同时提高推荐的准确性和多样性。